JN216954

4時間でやり直す 理科の法則と定理100

［監修］小谷太郎

宝島社

はじめに

「新しい原子を合成」「難病の原因タンパクを特定」「土星の衛星に海」など、科学ニュースが毎日私たちを驚かせます。世界は驚異に満ちています。

これら科学と技術の最先端は高度に専門的で、理解するのはエベレスト登頂ほど困難に感じられます。けれども、科学は成果を一段一段積み重ねて発展しました。最先端の結果も驚きの新技術も、中学で習った理科や高校で教わった科学の法則の上に成り立っているのです。

本書では、今日の科学の基礎となっている中学・高校の理科の法則や定理を、最新の話題にも触れながら解説します。歴史に残る先人の発見と、最新成果の結びつきがわかった時、日々の科学ニュースも見方が変わり、「あのニュースはこが革新的だったのか!?」と、いっそう深い理解と驚きを感じることでしょう。

エベレスト登頂なら麓からはじめないといけませんが、科学なら偉大な科学者の肩に乗って学べるのです。

小谷太郎

本書の見方

A 公式・定義　B 解説　C 扱う法則

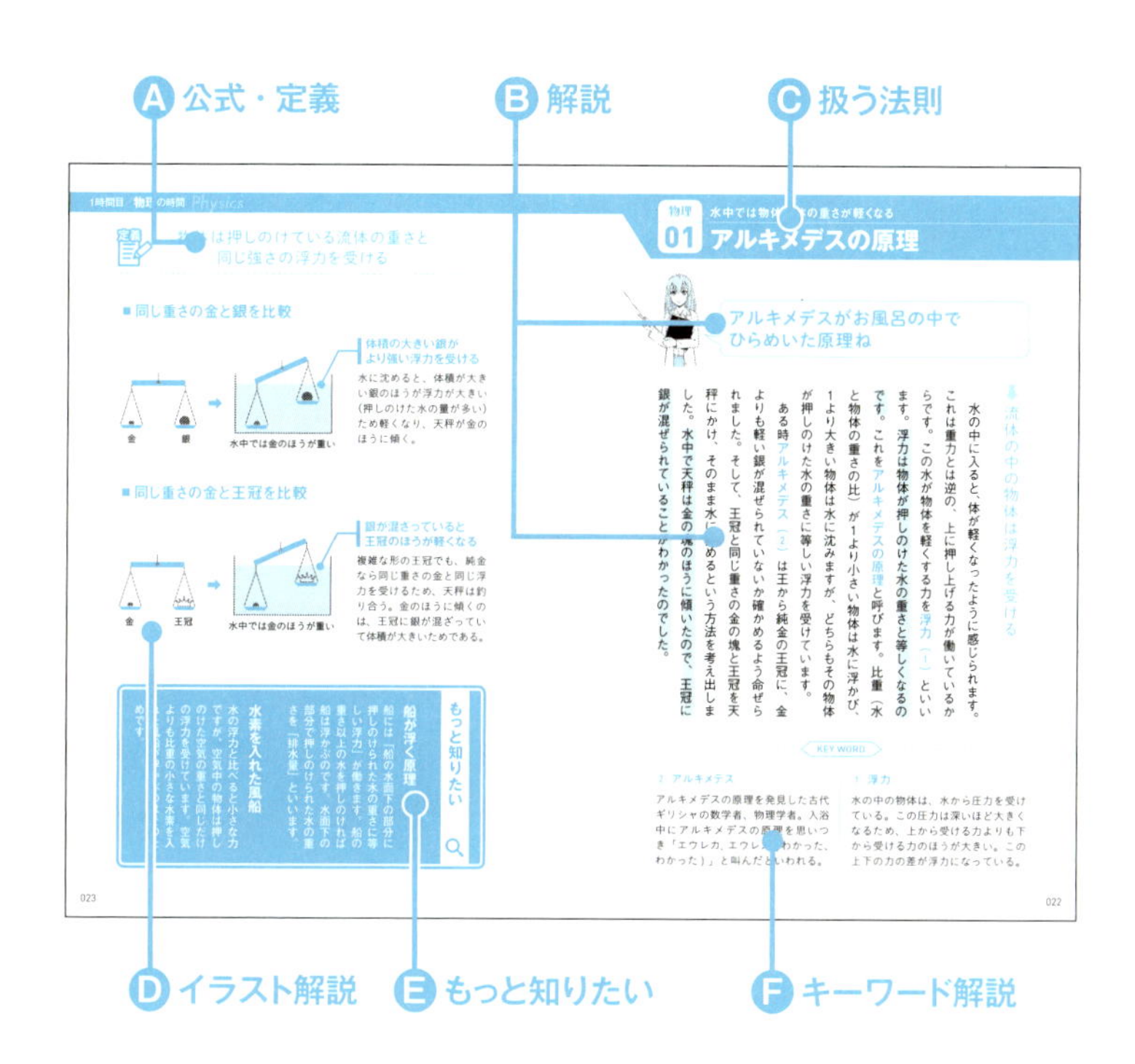

D イラスト解説　E もっと知りたい　F キーワード解説

A 公式・定義
法則を表す公式や、法則の定義を紹介します。

B 解説
法則がどういうものかを、豊富な具体例で解説します。

C 扱う法則
本書では、「物理」「化学」「生物」「地学」の法則を紹介。

D イラスト解説
法則の公式・定義が、詳細なイラスト解説で理解できます。

E もっと知りたい
法則と関連する最新科学ニュースや、身近な現象を紹介。

F キーワード解説
本文で登場する難しい用語の意味も、補足説明でわかります。

CONTENTS

2時間目 化学の時間

3時間目

生物の時間

マンガ 恋愛も遺伝子次第？ 129

4時間目

地学の時間

マンガ 星で価値観が変わる？ 185

登場人物紹介

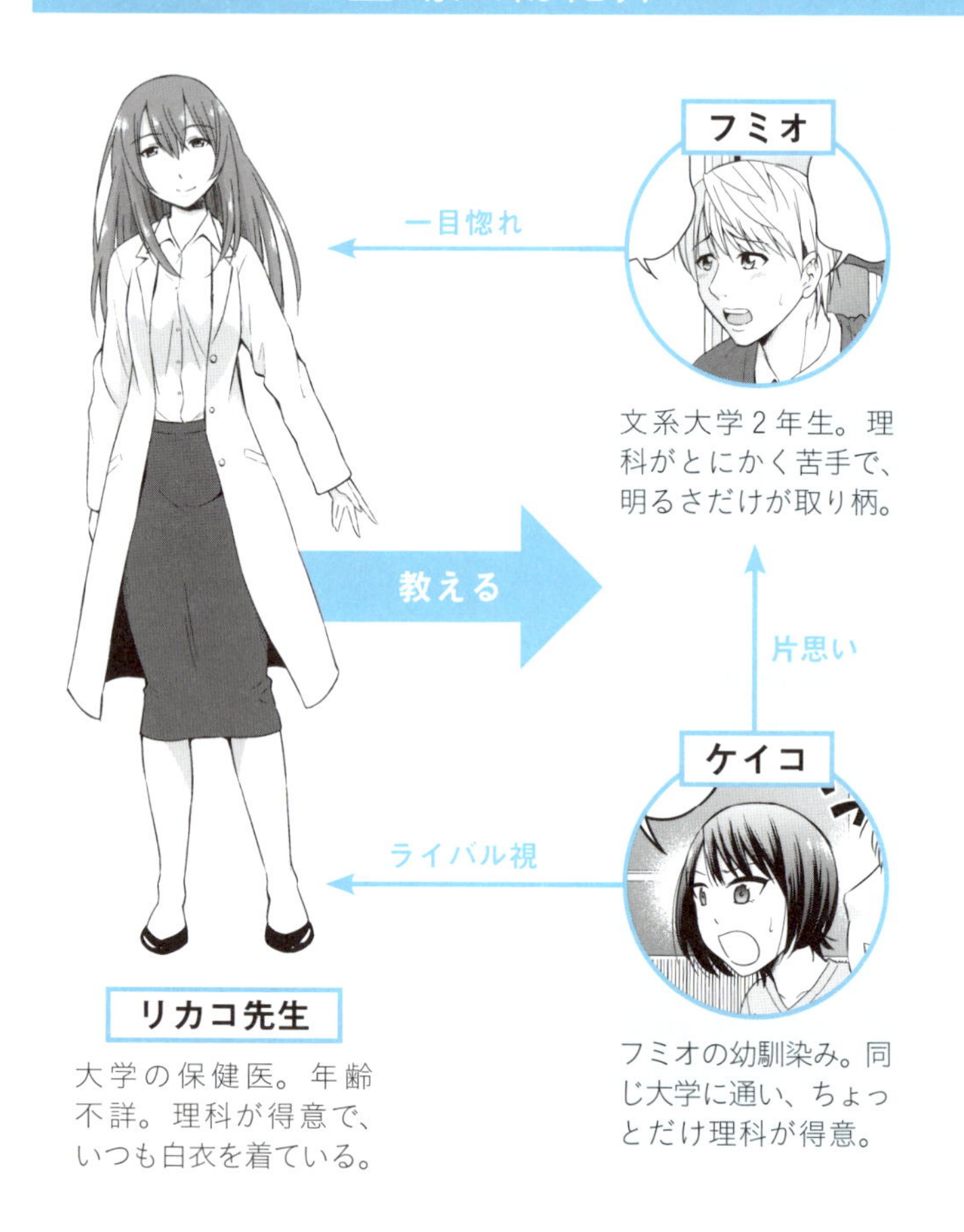
フミオ
一目惚れ
文系大学２年生。理科がとにかく苦手で、明るさだけが取り柄。
教える
片思い
ケイコ
ライバル視
リカコ先生
大学の保健医。年齢不詳。理科が得意で、いつも白衣を着ている。
フミオの幼馴染み。同じ大学に通い、ちょっとだけ理科が得意。

あらすじ

理科が苦手な文系大学生のフミオは、大学の必修教養科目である「物理」「化学」「生物」「地学」を落としそうになり、留年の危機におちいる。幼馴染みのケイコから「理科を教えてくれる保健の先生」がいるという噂を聞いたフミオは、ダメもとで保健室へ向かうのだった……。

物理の時間

物理学は昔、哲学だった!?

Physics

はー〜〜〜…
フミオ何してんの？
ひょこっ
……ケイコ
真っ白に燃え尽きたぜ
ずぅぅぅぅん…
どっ…どうしたのよ？

単位が足りなくて進級できないかもしれない
ピッ
授業をサボってばかりだからよ

あ、でも危なそうなのは理系の単位だけじゃない

俺は昔から理科がダメなんだよ
は～～っ
なんで文系なのに理科が必修なんだ……

そういえば

保健医の先生がわかりやすく理科を教えてくれるらしいって噂を聞いたけど
は？
なんで保健医の先生が？

行ってみる?
保健室
ガラッ
突然すみませーん!
理科について教えてくれるって聞いたんですけど
あら急なお客さんね
キィッ

ご用件は？
おおっ♪
んなっ！

先生、この人ほんとに理科が苦手で……
いててててて

でも単位をとらないと留年しちゃうんですよ
どうして理科が苦手なの？
ふーん。

数式とか出てくるし実体験からイメージしづらいというか……
文系科目と違って頭に入ってこないんですよ

んーーっ
……そうねぇ

たとえば物理学なんかは
昔は哲学の一種として研究されていたのよ
へっ
え⁉物理学が哲学？
？

そう身の回りの現象をもとに世の中の真理を見つけ出したいという気持ちから
昔の哲学者は自然哲学として「天体物理学」「力学」などのいわゆる「物理学」を研究していたの

古代ギリシャの哲学者
アリストテレスなんかは
「物質の相互転換」をはじめ
物理学の文献を
たくさん残しているわ
アリストテレス
古代ギリシャの三大哲学者の1人。
「哲学（フィロソフィー）」の語源となる言葉をつくる。
彼の研究が、後のさまざまな学問につながったため、
「万学の祖」と呼ばれる。
そうなんだ!?
哲学は好きだし
ちょっと興味が
出てきたな
へーっ
でも、物理って
実験とか数式が
多いですよね？
あまり
哲学って
感じが
しないけど
ニコッ
良い質問ね

物理学と哲学が今のようにわかれたのはイタリアの科学者ガリレオ・ガリレイの時代からなの
実験を重要視したガリレイは最初の近代科学者とも呼ばれているわ
ガリレオ・ガリレイ
イタリアの科学者。
物理学・天文学の発展に大きく貢献した。
公開実験を行い、「落体の法則」を確立したことで有名。
ただしピサの斜塔で実験した逸話は創作よ
そうなんだガリレオさえいなければ……
ぐぬぬ…
でも、ガリレオも哲学者と同じ
真理を解き明かしたいっていう気持ちを持っていたんだと思うな

ガリレオを
恨まないで
あげてね

はっ…
はいっ！
まったく単純
なんだから……

物理 01

水中では物体や体の重さが軽くなる

アルキメデスの原理

アルキメデスがお風呂の中でひらめいた原理ね

流体の中の物体は浮力を受ける

水の中に入ると、体が軽くなったように感じられます。これは重力とは逆の、上に押し上げる力が働いているからです。この水が物体を軽くする力を**浮力**（①）といいます。浮力は物体が押しのけた水の重さと等しくなるのです。これを**アルキメデスの原理**と呼びます。比重（水と物体の重さの比）が1より小さい物体は水に浮かび、1より大きい物体は水に沈みますが、どちらもその物体が押しのけた水の重さに等しい浮力を受けています。

ある時**アルキメデス**（②）は王から純金の王冠に、金よりも軽い銀が混ぜられていないか確かめるよう命ぜられました。そして、王冠と同じ重さの金の塊と王冠を天秤にかけ、そのまま水に沈めるという方法を考え出しました。水中で天秤は金の塊のほうに傾いたので、王冠に銀が混ぜられていることがわかったのでした。

KEY WORD

① 浮力

水の中の物体は、水から圧力を受けている。この圧力は深いほど大きくなるため、上から受ける力よりも下から受ける力のほうが大きい。この上下の力の差が浮力になっている。

② アルキメデス

アルキメデスの原理を発見した古代ギリシャの数学者、物理学者。入浴中にアルキメデスの原理を思いつき「エウレカ, エウレカ（わかった、わかった）」と叫んだといわれる。

物体は押しのけている流体の重さと同じ強さの浮力を受ける

■ 同じ重さの金と銀を比較

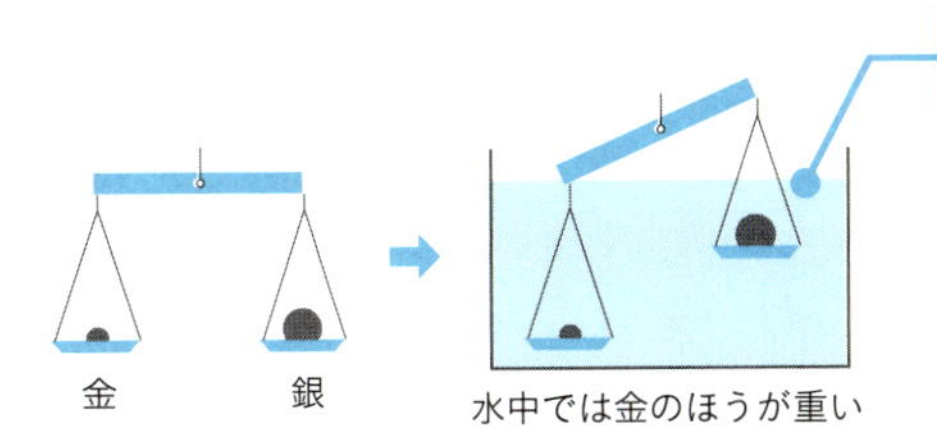

体積の大きい銀がより強い浮力を受ける

水に沈めると、体積が大きい銀のほうが浮力が大きい（押しのけた水の量が多い）ため軽くなり、天秤が金のほうに傾く。

■ 同じ重さの金と王冠を比較

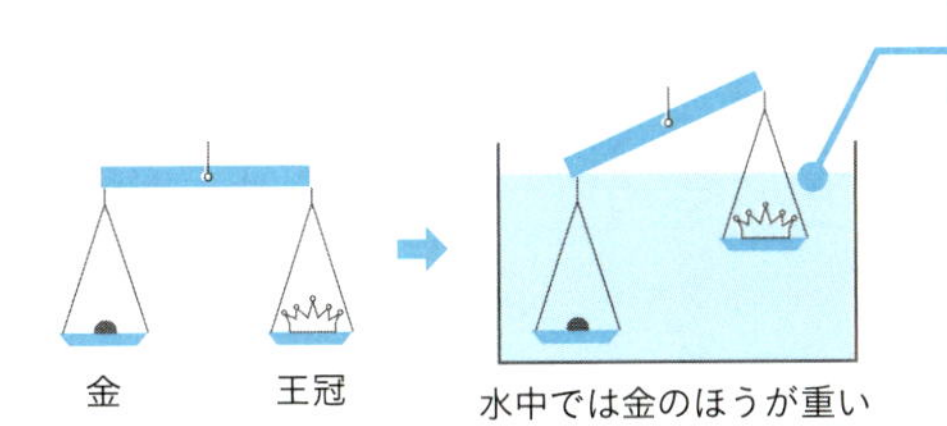

銀が混ざっていると王冠のほうが軽くなる

複雑な形の王冠でも、純金なら同じ重さの金と同じ浮力を受けるため、天秤は釣り合う。金のほうに傾くのは、王冠に銀が混ざっていて体積が大きいためである。

もっと知りたい

船が浮く原理

船には「船の水面下の部分に押しのけられた水の重さに等しい浮力」が働きます。船の重さ以上の水を押しのければ船は浮かぶのです。水面下の部分で押しのけられた水の重さを「排水量」といいます。

水素を入れた風船

水の浮力と比べると小さな力ですが、空気中の物体は押しのけた空気の重さと同じだけの浮力を受けています。空気よりも比重の小さな水素を入れた風船が浮かぶのはそのためです。

物理 02

風船が丸くふくらむのはなぜ?

パスカルの原理

ゴム風船を使った実験で確かめることができるわ!

圧力は全体に伝わっていく

パスカル(①)**の原理**とは「密閉した容器に入れられた流体(気体や液体)の一点に**圧力**(②)を加えると、加えられたのと同じ強さの圧力が流体のすべての部分に伝わる」という法則です。たとえばゴム風船に息を吹き込むと、風船は球状にふくらみます。これは吹き込んだ息が、ゴム風船の内部を同じような圧力で押したためふくらむのです。

水の場合も同じで、ゴム風船に水を入れると、やはり空気と同じように風船は球状にふくらみます。そしてゴム風船に針で小さな穴をいくつもあけて指で押すと、どの針の穴からも同じように水が飛び出してきます。これは指で押した力が圧力として水全体に均等に伝わり、水を押し出したためです。均等な勢いで水が飛び出るしくみは、シャワーなどに応用されています。

KEY WORD

① ブレーズ・パスカル

17世紀フランスの思想家、哲学者、物理学者。パスカルの原理や確率論の法則を発見した。パスカルにちなんで、圧力を表す国際単位には「パスカル(Pa)」が使われている。

② 圧力

圧力とは単位面積あたりに働く力の強さのこと。力の単位はニュートン(N)、面積の単位は平方メートル(m^2)なので、圧力はN/m^2となる。$1N/m^2$を、1パスカル(Pa)と呼ぶ。

一点に圧力を加えると、同じ強さの圧力が流体のすべての部分に伝わる

■ゴム風船に息を吹き込むと……

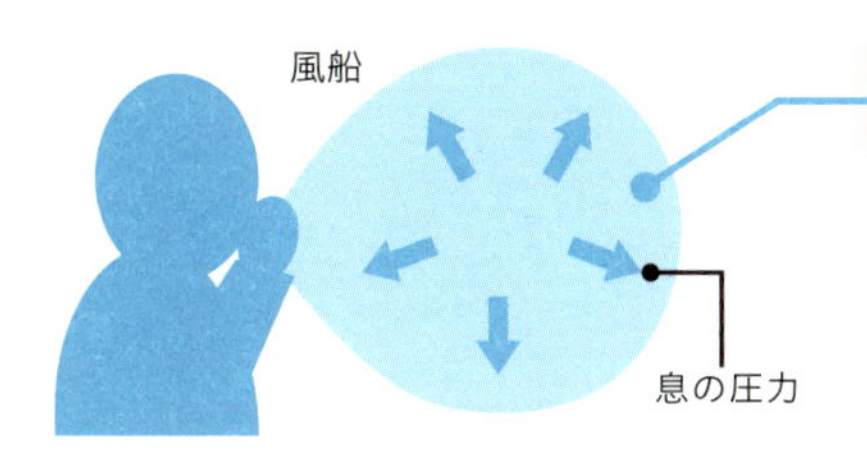

息の圧力が均等に風船を押し広げる

息を吹き込む圧力が、ゴム風船全体に伝わっているため、ゴム風船は球状にふくらんでいく。

■穴のたくさんあいた水風船を押すと……

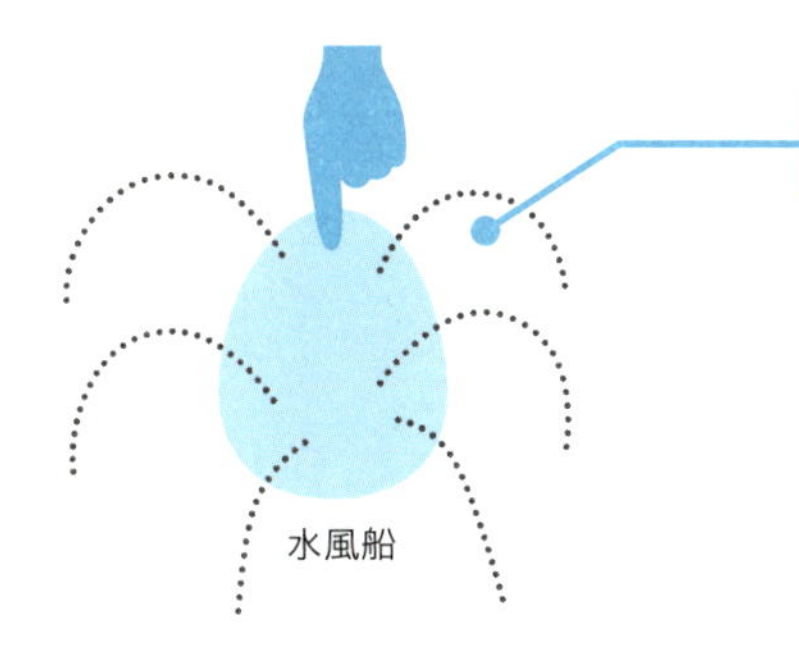

指の圧力が加わり水が飛び出る

ゴム風船を指で押すと、針であけたすべての穴から同じような勢いで水が飛び出してくる。

※ただし水の重さにより、下から出る水は少しだけ遠くに飛ぶ。

もっと知りたい

ヘクトパスカル（hPa）

大気の圧力は「ヘクトパスカル（hPa）」という国際単位で表されています。海面上（標高0m）の大気圧を示す1気圧は1013.25hPaです。

油圧装置

車のブレーキなどに使われている油圧装置には、パスカルの原理が応用されています。ブレーキを踏む足の弱い力だけでも、それが液体を通じて各所に伝わることで、高速移動している重い車を止めることができるのです。

物理 03

物体には慣性の力が働く

運動の第一法則（慣性の法則）

電車に乗っていて、急ブレーキがかかると体験できるわ

物体は現在の運動の状態を続けようとする

「物体に力を加えなければ、静止している物体はそのまま静止し続け、動いている物体はそのまま**等速直線運動**（①）を続ける」という法則を**運動の第一法則（慣性の法則）**といいます。乗っていた電車が急停車すると、乗っているわたしたちは前に倒れそうになりますし、急発進すると今度は後ろに倒れそうになります。

これは動き続けるものは動き続け、止まっているものは止まり続けようとする「慣性」によるものなのです。ふつう物体の運動は、他から力が働かなければ静止してしまうように思えますが、それは摩擦力や空気の抵抗が働いているためです。慣性の法則は、**ニュートン**（②）が著書である『プリンキピア』で発表した3つの運動法則の1つですが、実際にはそれより半世紀ほど前にガリレオが発見していた法則でした。

KEY WORD

① 等速直線運動

速度と方向を変えずに進む運動のこと。物体が等速直線運動をするには、その物体に力が加わっていない、または物体に加わっている力が釣り合っているという条件が必要です。

② アイザック・ニュートン

「近代科学の父」と呼ばれる17～18世紀のイギリスの科学者。「万有引力の法則の発見」、「微積分法の発明」、「光のスペクトル分析」は、ニュートンの三大業績とされている。

力が加わらなければ、物体は静止または等速直線運動を続ける

■電車が急発進した場合

止まり続けようとして後ろに倒れる

電車に乗っている乗客は止まっている状態を続けようとするため、進行方向とは逆の方向に倒れそうになる。これは慣性力が後ろへ押したともいえる。

■電車が急停止した場合

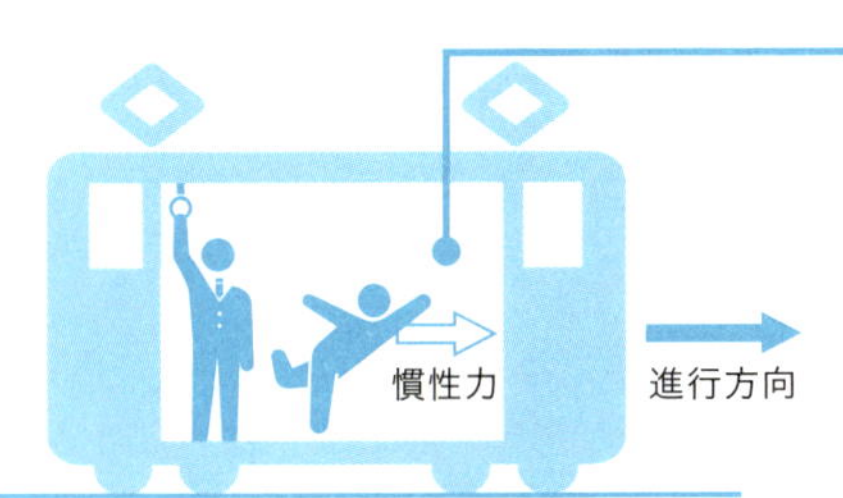

進み続けようとして前に倒れる

電車に乗っている乗客は、進行方向に進み続けようとするため、進行方向に倒れそうになる。これを、慣性力が進行方向に押すと表現することもできる。

もっと知りたい

自動車事故

自動車が何かに衝突すると車体はすぐに停止しますが、人間の体は慣性の法則によって運動を続けようとします。そのためシートベルトをしていないと、体が進行方向に飛ばされてしまうのです。

ロケットの推進力

宇宙空間は真空で空気抵抗がないので、ロケットは一度速度を与えられれば、エンジンを噴射させなくてもそのまま等速直線運動を続けます。飛行機のように燃料が切れても停止することはないのです。

物理 04

力と加速度、質量の関係を表す

運動の第二法則（運動方程式）

同じ力を加えるなら軽いほうがスピードアップできるのね

加速度の大きさはどう変わる？

止まっていた物体が動き出したり、一定の速度で動いていた物体の速度が増えたり減ったりするのは、その物体に力が作用したからです。物体は力を受けると、力と同じ向きの**加速度**（①）が生まれます。その加速度の大きさは加えた力の大きさに比例し、物体の**質量**（②）に反比例します。これを式で表すと、力（F）＝質量（m）×加速度（a）となります。この式を**運動の第二法則、別名・運動方程式**といいます。

物体は力を受けると速度が変化しますが、100倍の力を受ければ加速度も100倍になります。しかし、同じ力を受けても、物体の質量が100倍になると、加速度は1／100になります。つまり、同じ力を出せるエンジンを搭載したレーシングカーなら、車体が軽ければ軽いほど大きな加速度を得られることになります。

KEY WORD

① 加速度

1秒間に変化する速度の変化量を加速度という。速度は「走った距離÷走った時間」で求めることができるが、加速度は「速度の変化量÷変化に要した時間」で計算できる。

② 質量

重力によって左右されない、物体そのものの量を質量という。たとえば、無重量状態では物体に働く重力の大きさである「重量」は0になるが、質量は変化しない。

$F=ma$（運動方程式）

※F：加えた力　m：物体の質量　a：加速度

■ 力を2倍にすると……

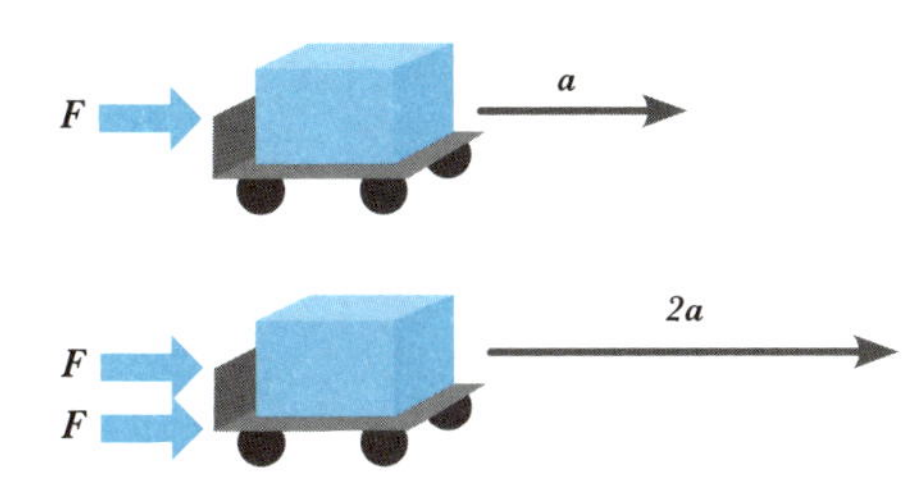

加速度が2倍になる

同じ質量の物体の場合、2倍の力を加えると、その物体の加速度も2倍になる。このように、加速度と力の大きさは比例する。

■ 質量を2倍にすると……

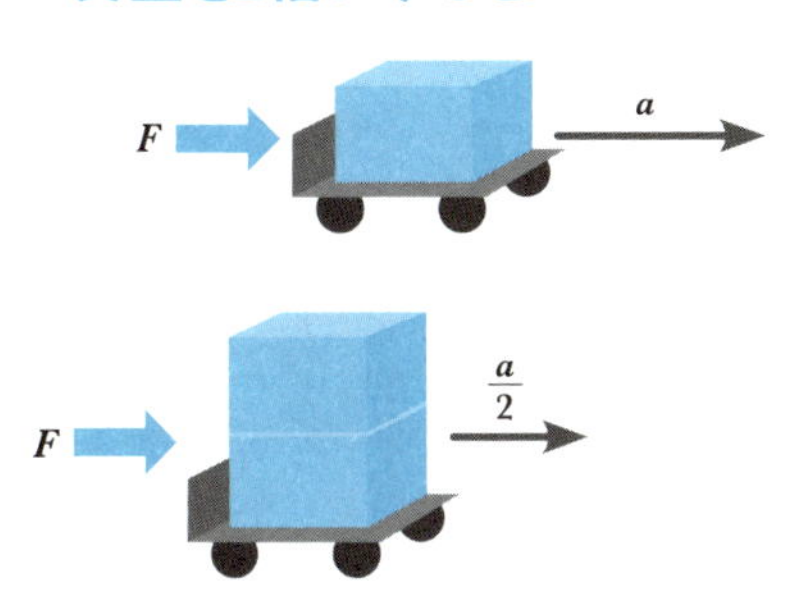

加速度が1/2になる

質量が2倍の物体の場合、同じ力を加えると、その物体の加速度は1/2になる。このように、加速度は質量に反比例する。

もっと知りたい

力の単位ニュートン

「質量1kgの物体に1m／s^2の加速度を生じさせる力」を1ニュートン（N）と呼びます。1Nの力が働けば、質量1kgの物体が毎秒1m／sずつ速度を増すことになるのです。

無重量状態の運動方程式

宇宙ステーション内部のような無重量状態では、どんなに重いものでも簡単に動かせるわけではありません。やはり質量の大きいものは動かしにくく、質量の小さなものは動かしやすいというのは変わりません。

物理 05

押せば押し返される?

運動の第三法則（作用・反作用の法則）

「押す力」と「押し返す力」は必ずペアになって働くのよ

同じ強さで反対向きに働く力

急いで人混みの中を歩いている時、立ち止まっている体の大きい人にぶつかって、逆に自分が弾き飛ばされてしまったことはないでしょうか？　自分からぶつかったのに押し返されてしまうなんて、改めて考えてみると不思議です。この現象はニュートンの第三法則である、**作用・反作用（①）の法則**で説明できます。

この法則は「物体をある力で押す時、その物体は**同じ強さ（②）**の力で反対向きに押し返す」というもの。つまりぶつかると同時に、同じ強さの押し返す力が発生しているのです。では、なぜ相手はその場から動かなかったのに、ぶつかった自分は弾き飛ばされてしまったのでしょうか？　その答えは質量にあります。同じ力を加えても重いほうが動きにくいので、体の大きい相手はその場に留まることができたのです。

KEY WORD

① 作用・反作用

2つの物体がお互いに力をおよぼしあっている時、片方の力を作用、もう片方の力を反作用という。この2つの力は、いつも2つの物体の間で対になって働く。

② 同じ強さ

無重量状態で力士が子どもを押したとすると、同じ力で力士も押されるが、質量の大きい力士はゆっくりと、質量の小さい子どもは力士より速い速度でおたがい遠ざかっていく。

物体Aが物体Bに力を加えると、
BもAに反対方向の力を同じ強さで返す

■ 壁を押した場合

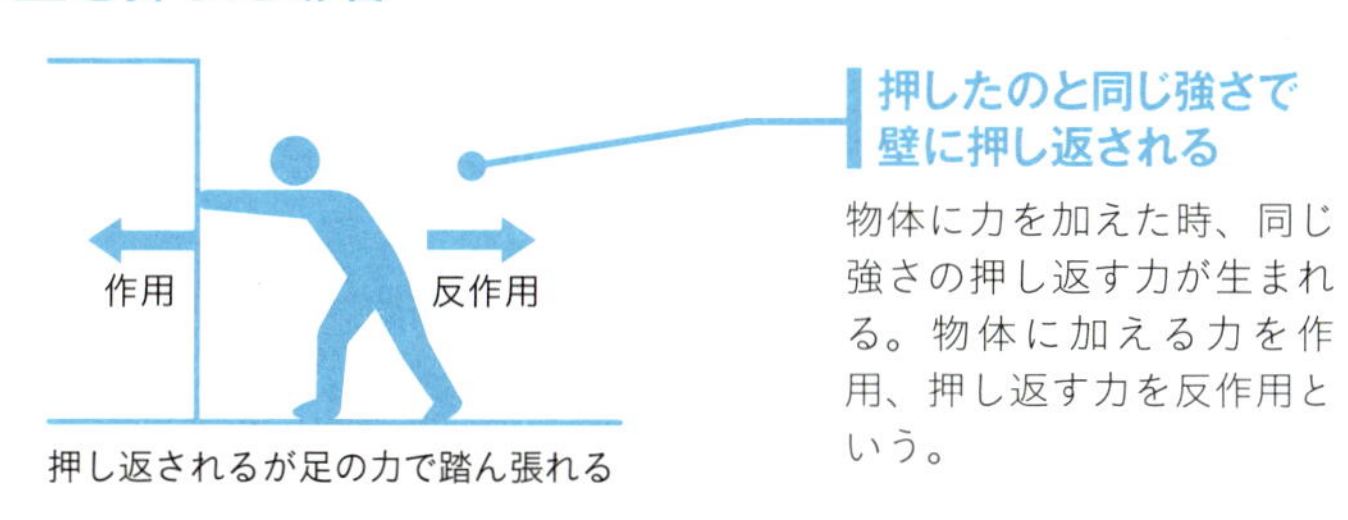

押したのと同じ強さで壁に押し返される

物体に力を加えた時、同じ強さの押し返す力が生まれる。物体に加える力を作用、押し返す力を反作用という。

■ ローラースケートをはいて壁を押した場合

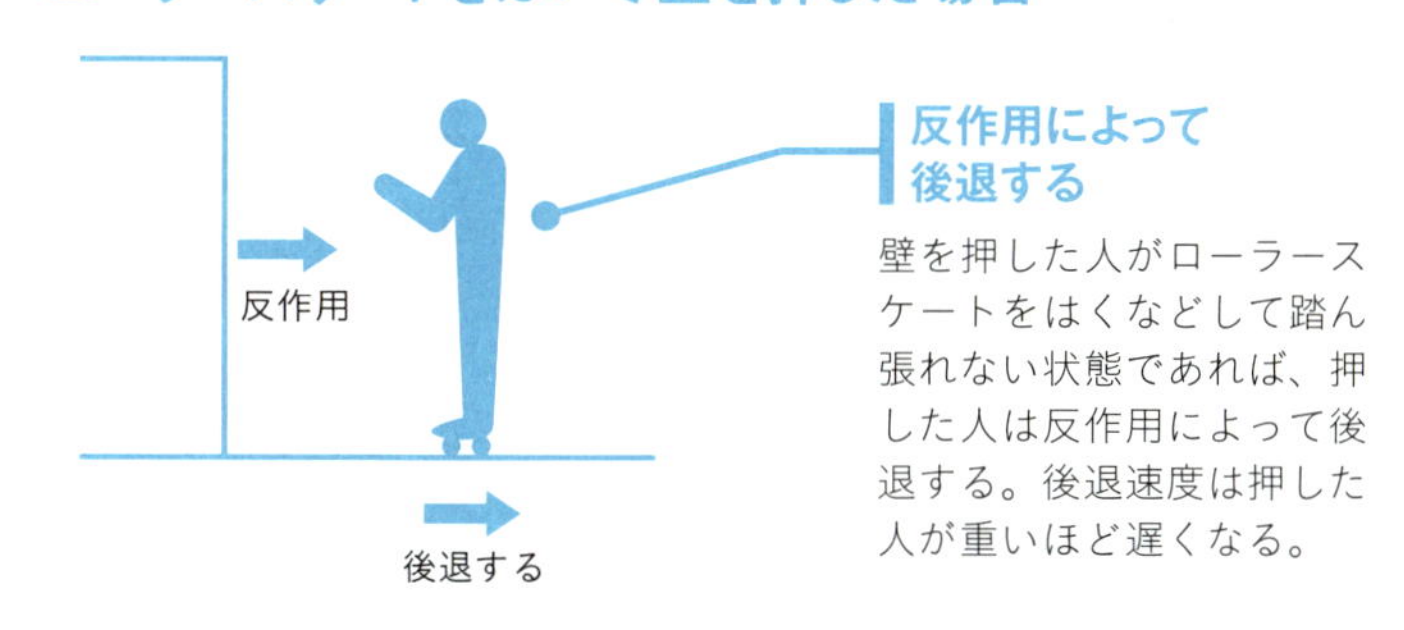

反作用によって後退する

壁を押した人がローラースケートをはくなどして踏ん張れない状態であれば、押した人は反作用によって後退する。後退速度は押した人が重いほど遅くなる。

もっと知りたい

イカの泳ぎ方

イカは水中を移動するのに作用・反作用を利用することがあります。イカは急いで移動する時は、海水をいったん体の中に吸い込み、勢いよく噴射。その反作用で一気に進むのです。

ロケットと作用・反作用

ロケットはエンジンからガスを噴射する力の反作用によって、大気のない宇宙空間を飛んでいきます。宇宙では空気抵抗がほとんどないため、少しの力で長い距離を運行することができます。

物理 06

力は合わせることができる

平行四辺形の法則

力の大きさは矢印の長さで
力の向きは矢印の向きで表すのよ

パチンコは合力で飛ぶ?

二股にわかれた枝につけたゴムの伸縮で、石などを弾にして飛ばすパチンコ。ゴムの伸縮力で、弾は勢いよく飛んでいきます。これは左右のゴムの力が合わさっているからです。2つの力を合わせることを力の合成といい、合わせてできた力を合力といいます。

力の合成には、力の強さだけでなく**力の向き**(①)も関わってきます。ゴムは左右の枝のほうに向かって縮んでいきますが、弾は枝の間の方向へ飛んでいきます。

合力を受ける弾がどのぐらいの強さで、どの方向に引かれるかは、簡単に求めることができます。ゴムの縮む力をベクトルで表した時、それらを2辺とした平行四辺形の対角線が合力の強さと向きを表すベクトルになるのです。合力を求めることができるこの法則を、**力の平行四辺形の法則**(②)といいます。

KEY WORD

① 力の向き

力の強さと向きはベクトルで表す。同じ向きの力なら加法(足し算)、逆向きの力なら減法(引き算)で計算できるが、違う方向の2つの力を合わせるには平行四辺形の法則を使う。

② 力の平行四辺形の法則

この法則を発見したのは、16〜17世紀のオランダの科学者シモン・ステヴィン。ステヴィンはガリレオよりも先に物体が落下する時間は重さに関係しないという実験を行っている。

1点に働く2つの力は1つの力に合成できる

■ パチンコを上から見ると……

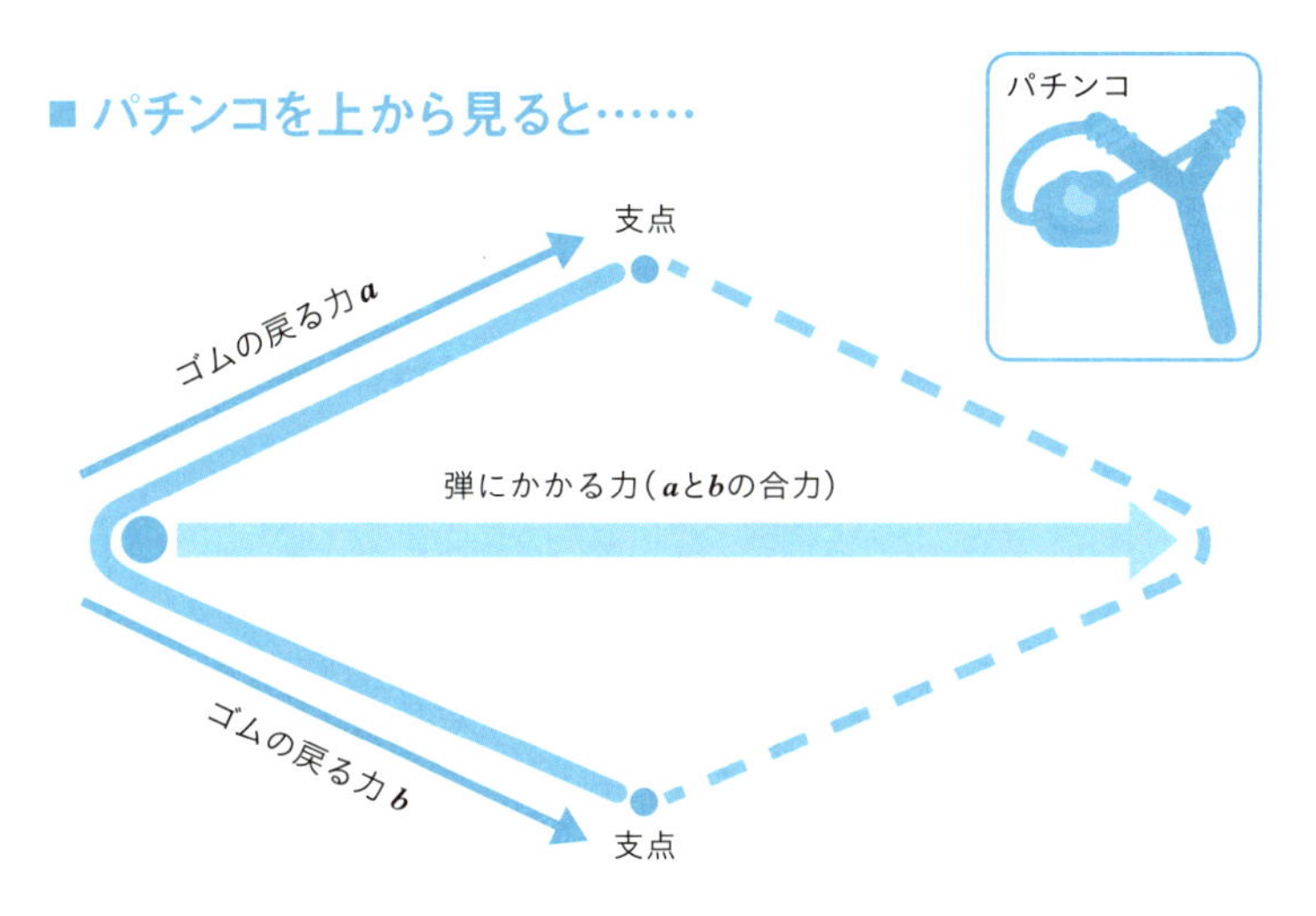

ゴムが戻る力で玉を発射する

パチンコはゴムが縮む力を利用して弾を飛ばす。このように2つの力を合わせてできた力を合力という。

弾の威力と飛ぶ方向が平行四辺形から求められる

弾にかかる力のベクトルは、ゴムの伸縮力を表すベクトルを2辺とした平行四辺形の対角線になる。

もっと知りたい

トランポリンと合力

トランポリンで高く跳び上がれるのは、トランポリンの布が下に伸びて戻る時の合力が上向きに働くからです。より高く跳ぶためには、布をより大きくたわませて合力を大きくすることが必要になります。

つり橋と分力

大きなつり橋は、非常に高い支柱とケーブルによって支えられています。これは同じ重さをケーブルにかける場合、支柱が高く分力の角度が小さいほど、ケーブルにかける力が小さくて済むからです。

物理 07

いつまでも厳密に成り立つ!

運動量保存の法則

ぶつかってもぶつからなくても全体の運動量は同じ!

衝突の前後で運動量の総和は変化しない

「ある**系**(①)において、外部からの力が働かなければ、複数の物体が力をおよぼしあっても、その**運動量**(②)の総和は変わらない」というのが**運動量保存の法則**。ビリヤードがわかりやすい例です。

質量m_1、速度v_1の球Aが、質量m_2、速度v_2の球Bと直線上で衝突したとします。衝突後、球Aの速度はv_1'、物体Bの速度はv_2'に変化しました。この場合、運動量は$m_1 v_1 + m_2 v_2 = m_1 v_1' + m_2 v_2'$となります。つまり、球が衝突し終わった時の運動量と、衝突する前の運動量は変わりません。これが運動量保存の法則の例です。

運動量保存の法則が成立するのは、物体同士がおよぼしあう力が対になっており、対の力はそれぞれ反対の向きに働いて同じ大きさであるという作用・反作用の法則(30ページ)のためです。

KEY WORD

① 系

力を相互におよぼしあう物体の集まりを系という。系内の物体がお互いに及ぼしあう力を内力といい、その系の外側の物体が系内の物体に及ぼす力を外力という。

② 運動量

ある物体の運動量は質量×速度と定義される。運動している物体の質量をm、速度をvとすると、その物体の運動量は質量×速度、つまりmvで表すことができる。

$$m_1 v_1 + m_2 v_2 = m_1 v_{1'} + m_2 v_{2'}$$

※衝突前の運動量＝衝突後の運動量

■衝突する前

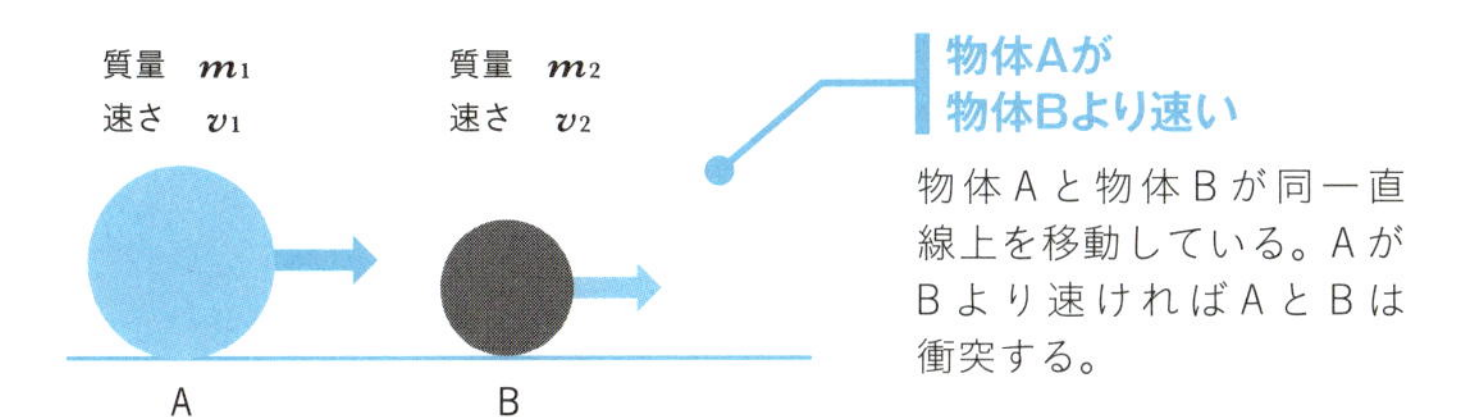

物体Aが物体Bより速い

物体Aと物体Bが同一直線上を移動している。AがBより速ければAとBは衝突する。

■衝突したあと

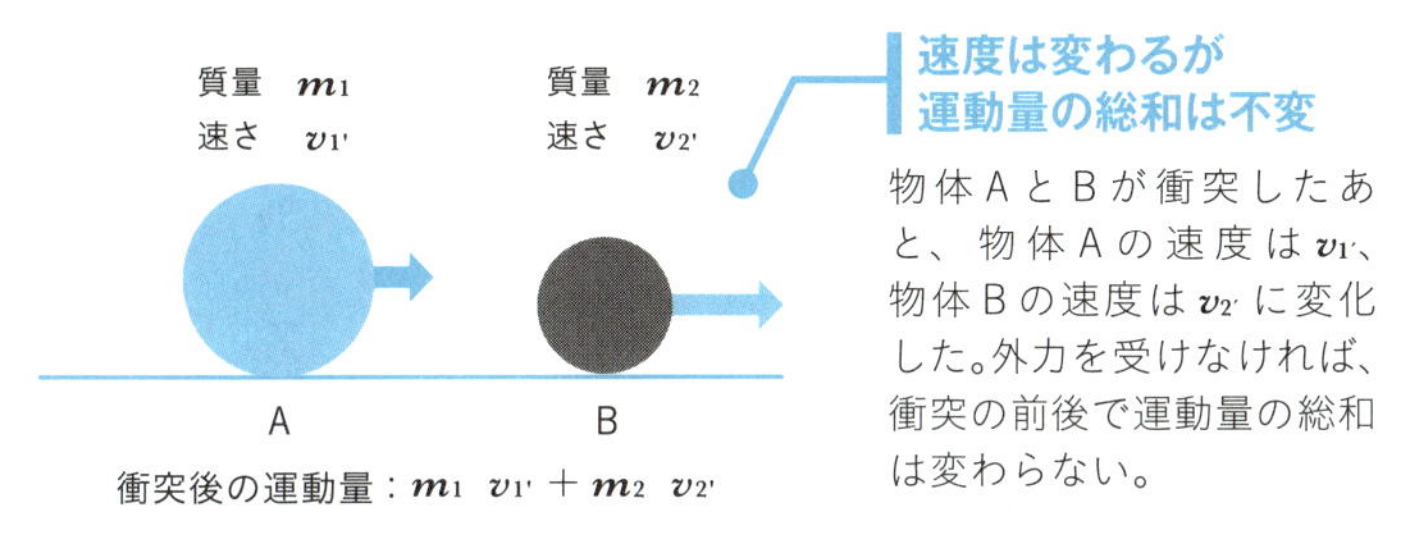

速度は変わるが運動量の総和は不変

物体AとBが衝突したあと、物体Aの速度は $v_{1'}$、物体Bの速度は $v_{2'}$ に変化した。外力を受けなければ、衝突の前後で運動量の総和は変わらない。

もっと知りたい

ビリヤードの動き

動いているビリヤードの球が止まっていた球に真正面からぶつかると、動いていた球が止まり、止まっていた球が衝突した球と同じ速度で動き出します。これは運動量保存の法則によって起きる現象です。

カチカチ玉

運動量保存の法則を利用した玩具が「カチカチ玉」です。同じ大きさの金属球が複数つるされていて、端の金属球を隣の球にぶつけると、逆側の端の球が最初にぶつかった球と同じ速度で弾かれます。

物理 08

物体はお互いに引き合っている!

万有引力の法則（ニュートンの重力法則）

ニュートンと落ちたリンゴのエピソードはよく知られているわ

すべての物体が従う法則

ニュートンのリンゴ（①）の逸話で有名な、**万有引力の法則**（ニュートンの重力法則）。彼はリンゴが落下するのを見て、何を思いついたのでしょうか？　それは「リンゴと地球が引き合っている」というアイデアです。ニュートンは「同じ強さの力でお互いに引き寄せられているが、大きくて動かしにくいので地球はほとんど動かないのだ」と考えました。またアイデアを思いついただけでなく、ニュートンはこの法則を数式化しました。その数式によると「引力は、お互いの質量の積に比例し、距離の2乗に反比例」します。そしてこの数式の比例定数を**万有引力定数**（②）または重力定数と呼びます。

万有引力の法則は地上の物質だけでなく、太陽と地球のように宇宙にある物質にも適用できます。これは当時の常識をくつがえす大発見でした。

KEY WORD

① ニュートンのリンゴ

ニュートンは木からリンゴが落ちるのを見て、あらゆる物体は引力を受けているという法則の着想を得たといわれている。しかし、これは後世の人間の創作という説もある。

② 万有引力定数

ニュートンの万有引力の法則に導入された重力相互作用を表す比例定数。数式の中では大文字のGで表される。万有引力定数は、宇宙のどこでも同じ数値になる。

$$F=G\frac{Mm}{r^2}$$

※F：万有引力　M、m：2つの物体の質量
r：物体間の距離　G：万有引力定数

■2つの質量に働く万有引力

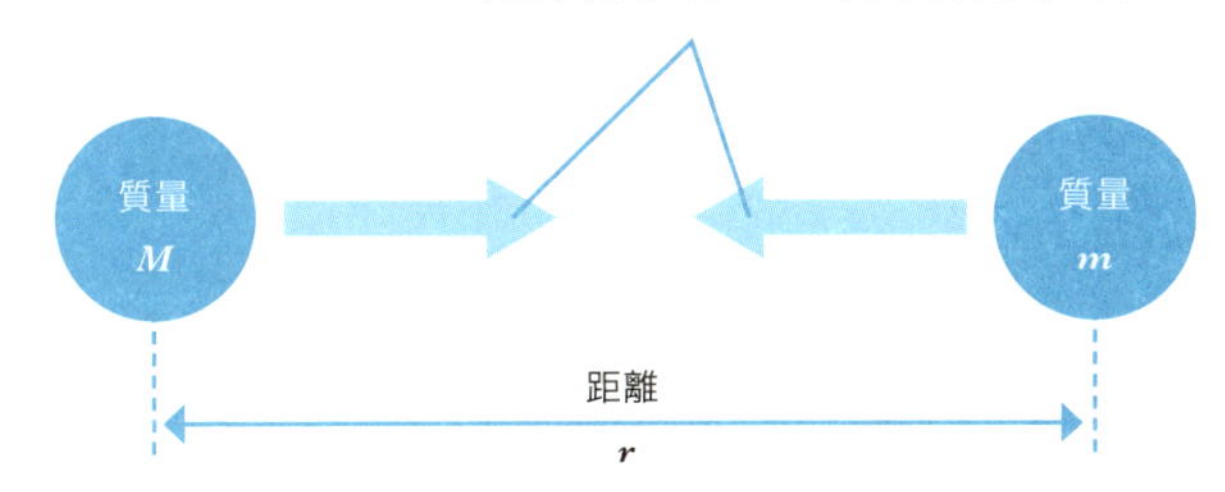

質量の積が大きいほど引力は大きい

2つの質量が引き合う力は、それらの質量の積に比例する。地球はその膨大な質量によって、多くの物体を力強く引きつけている。

距離が遠いほど引力は小さい

距離が遠いほど万有引力は小さくなる。もし地表のリンゴを月の距離まで遠ざけると、リンゴと地球の間に重力は1／3600になる。

引力は2つの物質に等しく働く

リンゴだけが地球に引き寄せられているように見えるのは、地球の質量と比べてリンゴの質量が小さく、動かしやすいから。

もっと知りたい

スウィングバイ

探査機の速度や軌道を、惑星の引力を利用して変えることをスウィングバイといいます。これは燃料を最小限しか使わずに済む、万有引力の法則を利用した航法の1つです。

重力に対する認識

アインシュタインはニュートンの重力法則を改訂しました。アインシュタインは、重力を時空（時間と空間）の歪みとして説明。重力が歪ませた時空を通過する物体は、まっすぐ進めずに軌道が曲がるとしています。

物理 09

重いものほど速く落ちると思っていたけど?

落体の法則

落下するスピードに重さは関係ないわ

↓重くても軽くても同時に着地

「物体を自由落下させた場合、その**落下加速度**(①)は物体の質量によらず一定」というのが**落体の法則**です。**アリストテレス**(②)以来、この法則が発見されるまで、ヨーロッパでは「重いものほど速く落下する」という考え方が信じられていました。

わたしたちは経験上、重い物体のほうが軽い物体より速く落下するように考えます。しかし空気抵抗が無視できる条件ならば、どんな物体でも落下加速度は同じです。なぜかというと、重力は大きな質量に強く働きますが、大きな質量は動かすのにより強い力が必要になるからです。つまり質量が2倍になれば、働く重力も2倍になりますが、動かしにくさも2倍になるのです。そのため真空では、落下加速度は重いものでも軽いものでも同じになります。

KEY WORD

① 落下加速度

落下による加速度gはg=9.8m/s^{2}で表されるということが観測からわかっている。これを重力加速度と呼ぶ。緯度によって0.5%ほど重力加速度に違いがある。

② アリストテレス

古代ギリシャの哲学者。プラトンの弟子で、アテネに学校を開き、政治や文学、倫理学や論理学、博物学や物理学など多くの分野で後世に大きな影響を与えた。

空気抵抗が無視できるならば、すべての物体は同じ加速度で落下する

■真空の落下実験

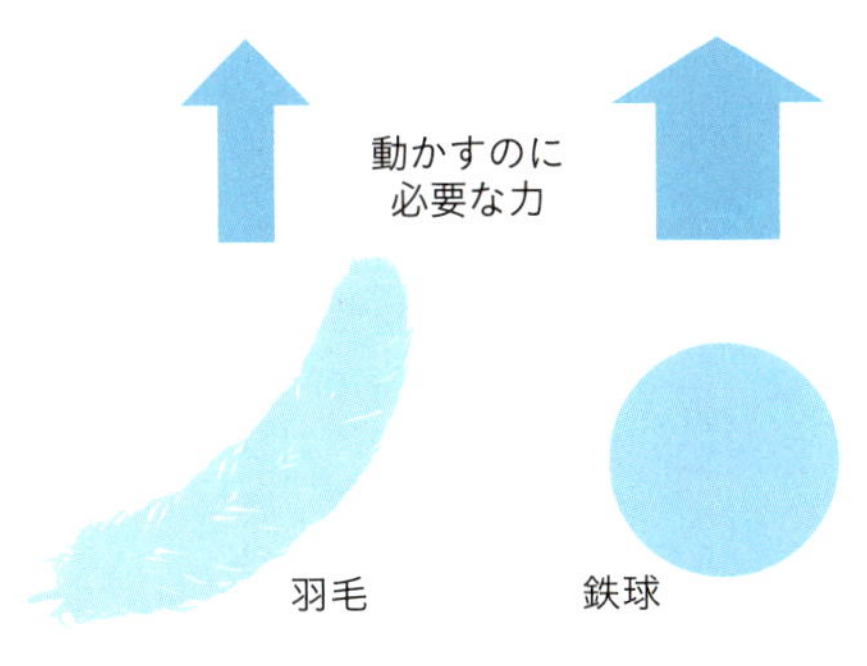

「動かしにくさ」も質量に比例する

大きな車を動かすのに大きな力がいるように、質量が大きな物体を動かすのには大きな力がいる。鉄球は羽毛に比べて動かしにくい。

重いほど重力は強い

もちろん、質量が大きい物体には強い重力が働く。強い力が働くが動かしにくいので、鉄球は羽毛と同時に着地する。

もっと知りたい

空気抵抗

物体の落下速度は、空気中では空気抵抗によって減速します。空気抵抗は運動と逆向きに働き、物体の速度に比例します。空気抵抗がなければ、雨が当たった時でさえ大きな衝撃になるのです。

月面での実験

1971年7月30日、アポロ15号の宇宙飛行士たちは、月面で軽い鳥の羽と重いハンマーを同時に落とすという実験を行いました。大気がほとんどない月面では、羽とハンマーは同時に着地したのです。

物理 10

2つのエネルギーの和は一定

力学的エネルギー保存の法則

ジェットコースターの運動速度を見るとわかりやすいわ！

高さが速さに変化

高いところから物体を落とすと、加速しながら落下していきます。これは、高さが落下速度に変化していると考えることもできますよね。このように高さが持つエネルギー（**位置エネルギー・①**）は、速度（**運動エネルギー・②**）に変化します。そして摩擦や空気抵抗を考慮しない場合、位置エネルギーと運動エネルギーの和が一定になるというのが、**力学的エネルギー保存の法則**です。

具体例として、ジェットコースターを考えてみましょう。ジェットコースターはゆっくりと高いところへ登ってから、一気に落下して加速していきます。そしてその勢いのままた登っていきますが、この時力学的エネルギー保存の法則が成り立てば、もとの高さと同じところまで登ることができるのです。実際は摩擦や空気抵抗により、この法則は成り立ちません。

KEY WORD

① 位置エネルギー

高いところにある物体が持つエネルギー。高さ h にある質量 m の物体が地表まで落下する時、重力加速度を g とすると、この物体は mgh の仕事をすることができる。

② 運動エネルギー

動いている物体が静止するまでにすることのできる仕事の大きさを表す。速さ v で運動する質量 m の物体は、静止するまでに $mv^2/2$ の仕事をすることができる。

位置エネルギー+運動エネルギー= 一定

■ ジェットコースターのエネルギーの変化

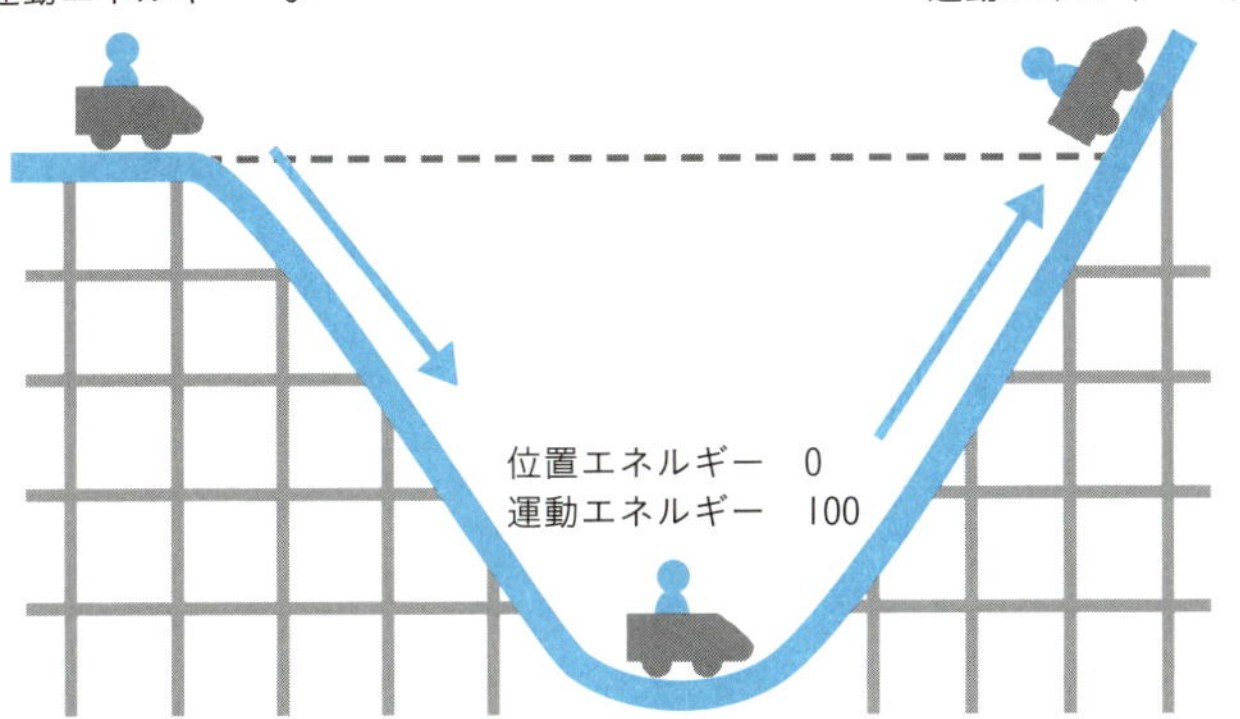

位置エネルギーが運動エネルギーに変わる

ジェットコースターが高いところから落ちて加速するように、位置エネルギーは運動エネルギーに変わる。

力学的エネルギーは常に一定である

位置エネルギーと運動エネルギーの和が一定の場合、ジェットコースターのエネルギーは保存され、もとの高さに戻る。

もっと知りたい

水力発電

水力発電では、ダムに貯めた水を上から落とす（＝位置エネルギーを運動エネルギーに変える）ことで発電機のタービンをまわします。タービンの運動エネルギーは、電気エネルギーへと変わります。

ジェットコースター

ジェットコースターの動力源は、位置エネルギー。落下すると位置エネルギーは減りますが、運動エネルギーは増えます。摩擦や抵抗を考えなければ、もとの高さに来た時に止まるはずです。

物理 11

メトロノームに応用される

振り子の等時性の法則

この原理を応用して
昔の柱時計は時を刻んでいたわ

ランプを見てひらめいた！

16世紀、ガリレオがピサの寺院で天井からつるされたランプの往復運動を見て発見したといわれるのが**振り子の等時性の法則**。「重りをつけているひもの長さが同じならば、振り子が大きく揺れている時も、小さく揺れている時も、往復する時間である**周期**（①）は同じである」というものです。つまり、振り子の周期は、**重りの質量**（②）も振り子の振れ幅も関係なく、振り子のひもの長さで決まるということです。

この発見によって振り子を内蔵し、振り子が往復するごとに歯車がまわって正確に時を刻む、振り子時計がつくられるようになりました。

しかし、この法則は、振り子の振幅がある程度小さい時だけ成立します。振幅が20度を超えると、正確性が失われてしまうのです。

KEY WORD

① 周期

振り子が往復する時間のこと。ガリレオは手首の脈を時計代わりにして、教会のランプの周期を計ったといわれる。振り子の周期は、ひもの長さが長くなるほど長くなる。

② 重りの質量

振り子の周期には、重りの質量は関係ない。これは振り子の周期が重力加速度に依存しており、重力加速度は物体の質量によらず同じ（38ページ）だからだ。

$$T=2\pi\sqrt{\frac{l}{g}}$$

※T：振り子の周期
l：ひもの長さ　g：重力加速度

■振り子の周期計算

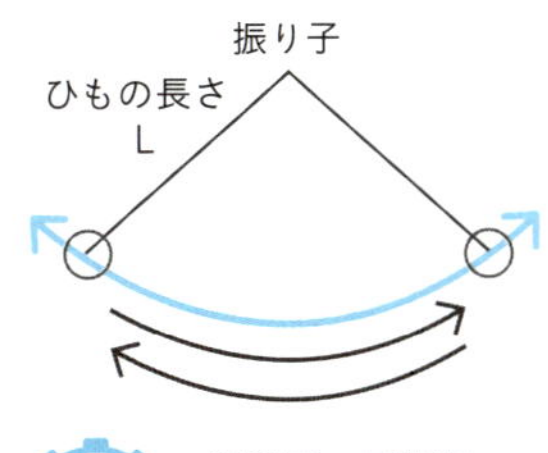

振り子の周期 T
振り子の往復にかかる
時間を計測する

ひもの長さのみで周期が計算できる

本来、周期は振り子の往復時間を計測する。しかし、振り子の等時性の法則で使われる公式にひもの長さを代入すると、計算で求められる。

■ひもの長さが同じ場合

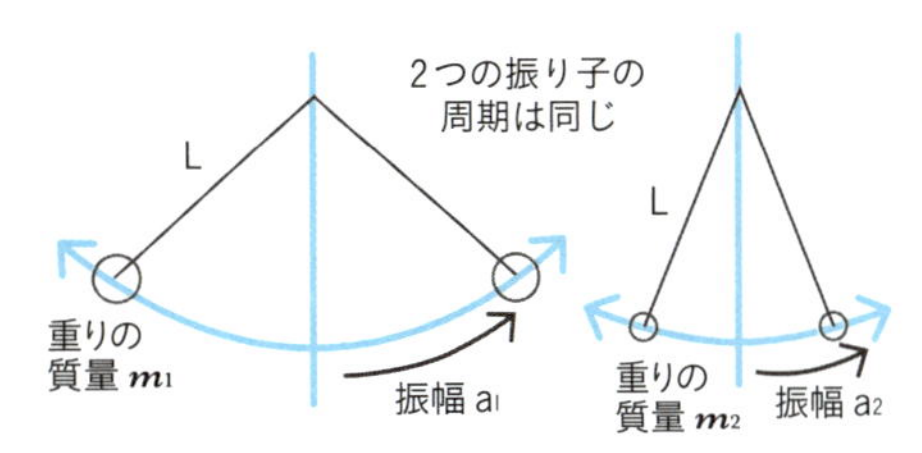

重りや振幅は周期に無関係

振り子が1往復する時間は、振り子の質量（重り）や振幅には関係なく、振り子のひもの長さと重力加速度によって決まる。

もっと知りたい

ホイヘンス

振り子時計の精度を大きく改善したのが17世紀のオランダの天文学者ホイヘンスでした。彼はガリレオの「振り子の等時性」を応用し、1日の誤差が数分程度という振り子時計を発明しました。

メトロノームの原理

「ひもが長くなるほど周期は長くなる」ということを利用したのがメトロノームです。テンポが遅い時は重りを上にずらして振り子を長くし、速い時に重りを下にずらして振り子を短くします。

物理 12

回転する物体は回転し続けようとする

角運動量保存の法則

フィギュアスケートのスピンでも見ることができるわ！

回転を続けようとする「勢い」

サドルを下にして、ひっくり返されている自転車をイメージしてみてください。そしてその自転車のタイヤを勢いよく回転させたとしたら、手で止めるのはなかなか骨が折れそうです。それは回転する物体は、回転し続けようとする性質を持っているからです。そしてその「回転を続けようとする勢い」を表す量が角運動量です。そして外から力が加わらない限り、角運動量は保存されるというのが、**角運動量保存の法則**（①）です。

では、回転の勢い（角運動量）はどのようにしたら強くなるでしょうか？　それは回転速度・質量・半径を大きくすることです。さきほどイメージしたものより重くて大きいタイヤを速くまわしたほうが、回転は止めるのは大変そうですよね？　これを式で表すと、「**角運動量＝速度×質量×半径**（②）」となります。

KEY WORD

① 角運動量保存の法則

回転の方向が変わっても角運動量は変化する。そのため回転する物体は回転方向も維持しようとする。動いている自転車が倒れにくいのは、この法則によるものである。

② 角運動量＝速度×質量×半径

回転にはこの式に取り入れられている速度や質量、半径だけでなく、軸の方向なども関わってくる。そのため向きを持つベクトルで角運動量を表すこともある。

角運動量＝速度×質量×半径

■フィギュアのスピンで手を広げると……

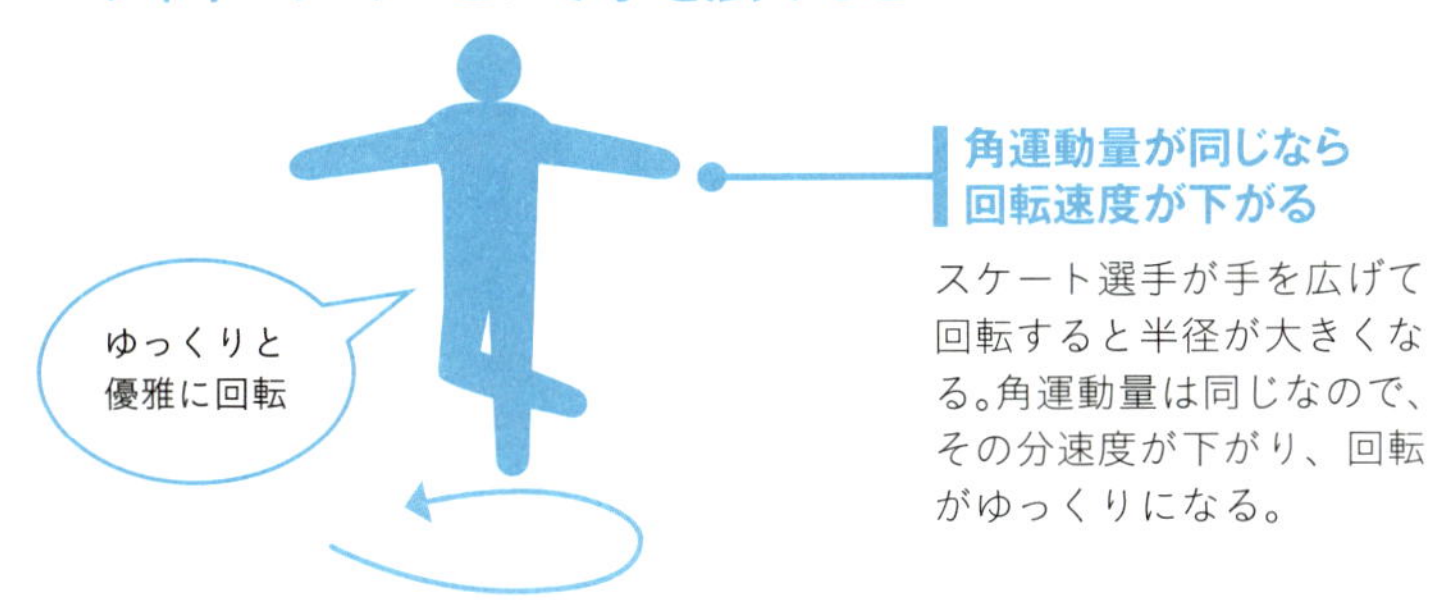

角運動量が同じなら回転速度が下がる

スケート選手が手を広げて回転すると半径が大きくなる。角運動量は同じなので、その分速度が下がり、回転がゆっくりになる。

■腕をたたむと……

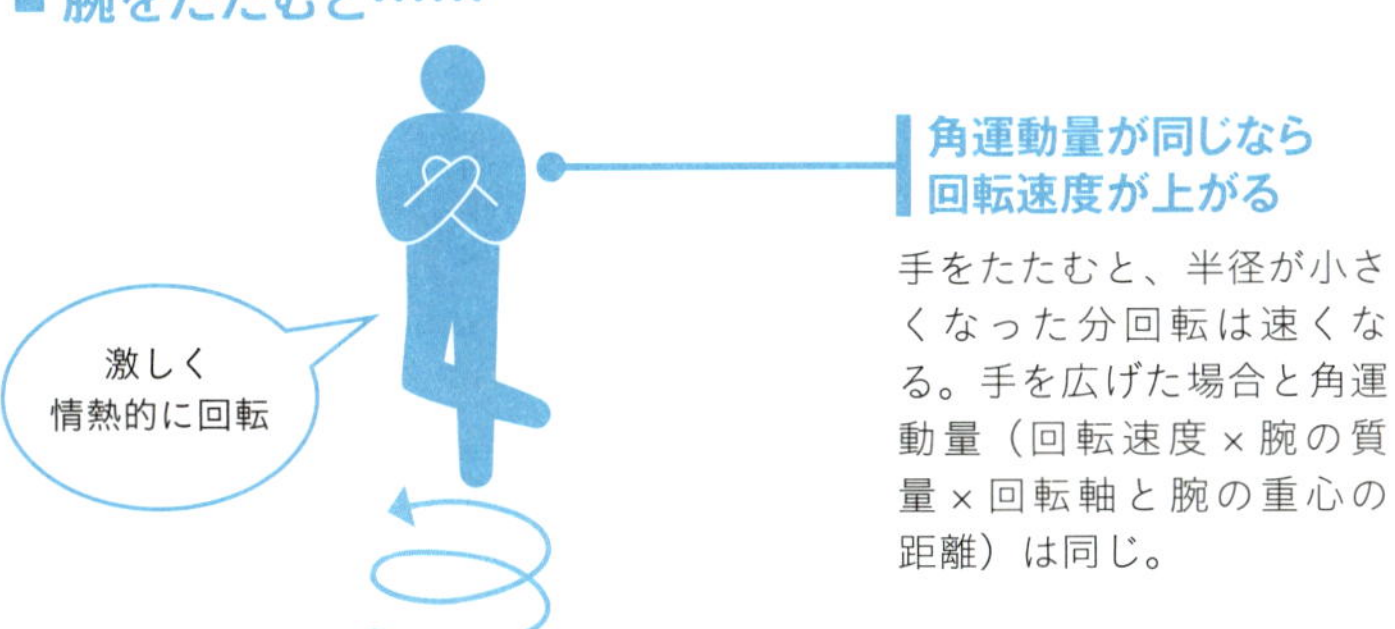

角運動量が同じなら回転速度が上がる

手をたたむと、半径が小さくなった分回転は速くなる。手を広げた場合と角運動量（回転速度×腕の質量×回転軸と腕の重心の距離）は同じ。

もっと知りたい

ヘリコプター

尾翼のプロペラが主翼のプロペラと逆向きに回転するタイプのヘリコプターは、尾翼の回転によって主翼の角運動量を打ち消しています。主翼のプロペラの力によって機体が回転してしまうのを防いでいます。

面積速度一定の法則

太陽系の惑星が太陽の周りを公転する速度は、太陽に近くなると速く、太陽から遠ざかると遅くなります。これを「面積速度一定の法則」といいますが、角運動量保存の法則で説明できます。

物理 13

お湯は熱いものほど早く冷める?

ニュートンの冷却の法則

熱の伝わり方に関わる法則よ

高温のものほど失う熱量が大きい

熱は、ひとつながりの物体に温度差があると高いほうから低いほうへと伝わります。このように物質を通して熱が伝わることを熱伝導といいます。周りより温度が高い物体を空気中においておくと、物体の表面に接している空気が熱伝導によって温められます。温められて軽くなった空気は対流を起こし、熱は物体から空気中に伝わっていきます。

こうした**熱の伝わり方**(①)に関する法則が、**ニュートンの冷却の法則**です。「物体が熱放射で毎秒失う熱量は、その物体と周囲の温度差、および物体の表面積に比例する」とされています。

またこの法則は、物体と周り(おもに空気)との温度差が比較的小さい時に成り立つ**近似法則**(②)です。物体の温度が高すぎると成立しません。

KEY WORD

① 熱の伝わり方

熱の伝わり方には、伝導・対流・輻射(放射)の3つがある。流体(液体と気体)の流れによって熱が伝えられる現象を対流、熱が電磁波として伝わることを輻射という。

② 近似法則

ある限界を超えれば成り立たない法則。ニュートンの冷却の法則は、日常的な範囲内では成り立つが、物体と周りとの温度差が極端に大きい場合には成り立たないこともある。

物体が失う熱量は、周囲の温度差、および物体の表面積に比例する

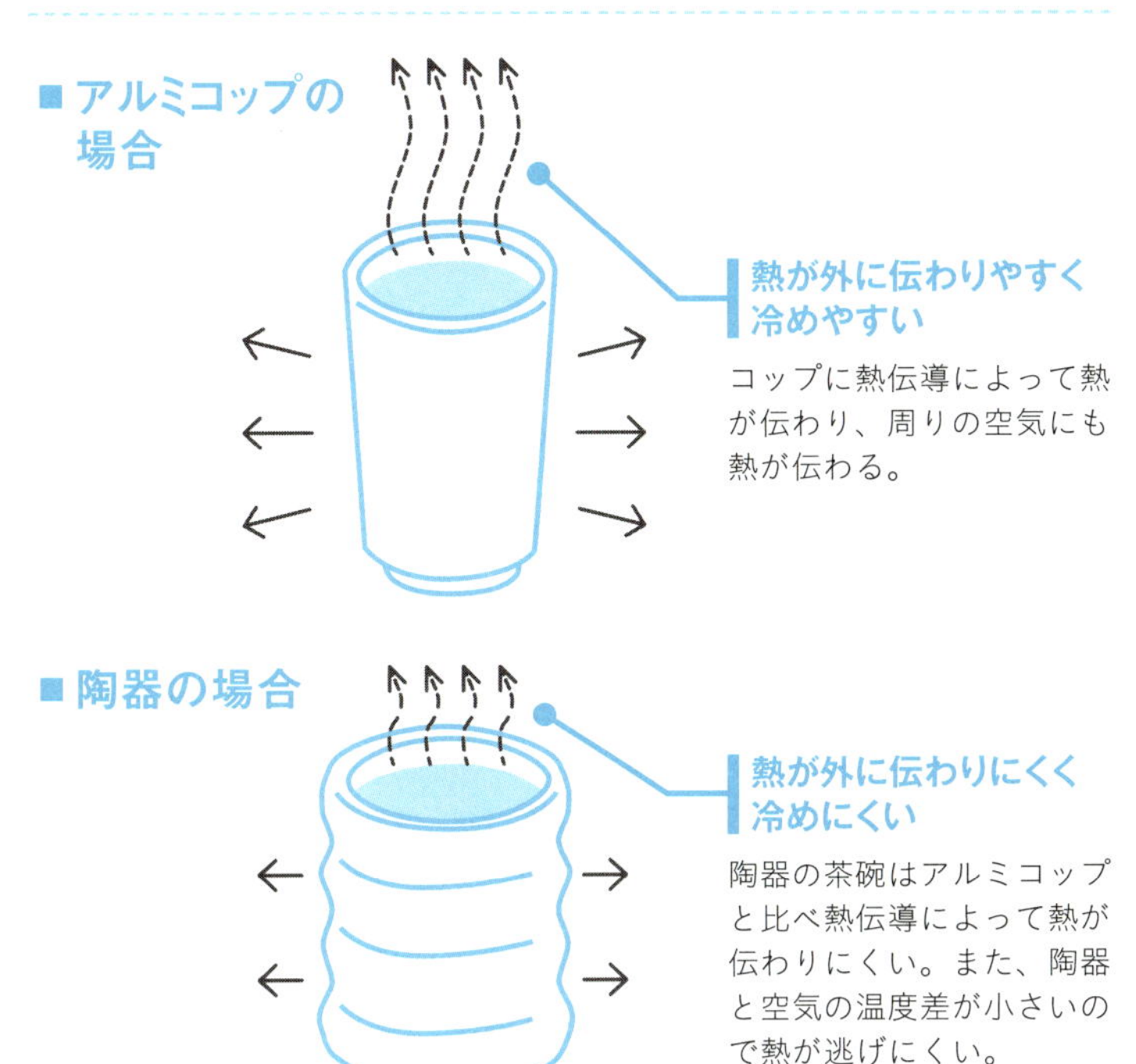

■アルミコップの場合
熱が外に伝わりやすく冷めやすい
コップに熱伝導によって熱が伝わり、周りの空気にも熱が伝わる。
■陶器の場合
熱が外に伝わりにくく冷めにくい
陶器の茶碗はアルミコップと比べ熱伝導によって熱が伝わりにくい。また、陶器と空気の温度差が小さいので熱が逃げにくい。

もっと知りたい

コーヒーの温度

ニュートンの冷却の法則は、たとえば90℃のコーヒーを室温20℃の部屋に10分間おいておくと、何度になるか？　など、冷却中の物体の温度を計算する時に使われます。

製氷器

冷凍庫で氷をつくるには水をコップに入れるよりも、製氷器に入れて冷気にあたる水の表面積を大きくしたほうが早く凍ります。これも温度の下がる速さは周りと触れ合う面積の大きさに比例するという一例です。

物理 14

温度の低いほうへ熱は伝わる

熱力学第0法則

熱力学の基本的な法則の1つよ！

2つの物体の温度はやがて平衡になる

温度の異なる2つの物体が触れ合うと、2つの物体の間に**熱**（①）のやりとりが生まれます。そして、高温の物体が冷えて低温の物体が温まることで、やがて2つの物体の温度が変化しなくなります。この「温度が等しくなった状態」を熱平衡にあるといいます。

熱力学第0法則とは、「物体Aと物体Cが熱平衡にあり、物体Bと物体Cが熱平衡にある時、物体Aと物体Bも熱平衡にある」というものです。当然といえば当然なので、熱力学の教科書によってはこの熱力学第0法則を**熱力学**（②）の法則に含めていない場合もあります。しかし、熱力学の重要な法則の1つなのです。

またこの法則は、熱力学の体系ができあがったあとに基本法則の1つとして付け加えられたため「第0法則」と呼ばれています。

KEY WORD

① 熱

エネルギーの１つ。物体に熱エネルギーを加えると、その物体の温度は高くなる。熱のエネルギーとは、物質を形づくる原子や分子、電子などの乱雑な運動のエネルギーである。

② 熱力学

熱力学第一法則、第二法則、第三法則を３本の柱に、熱的な現象の根本法則を扱う古典物理学の１つ。熱的な現象を、物質の構造はあまり問題にせず、マクロな視点で扱う。

$T_A=T_C$、$T_B=T_C$の時$T_A=T_B$
※物体A、B、Cの温度をそれぞれ、T_A、T_B、T_Cとする

■熱の流れ

温度の違う2つの物質が接触している

熱が高温の物体から低温の物体へ流れはじめる。高温の物体（コーヒー）から流れ出す熱量は、低温の物体（空気）へ流れ込む熱量に等しくなる。

2つの物体は熱平衡状態になる

高温の物体（コーヒー）は温度が低下し、低温の物体（空気）は温度が高くなる。やがて両方の物体の温度は等しくなる。

もっと知りたい

熱素説

19世紀、物体の温度が変化するのは熱素という物質が温度が高いほうから低いほうへと移動するためだという熱素説が唱えられました。熱素は、目に見えず、重さのない流体だと考えられていました。

温度計

熱力学的な観点から見れば、一般的な接触温度計は、計測対象と熱平衡になった時に温度を知らせる機器といえます。温度計のほうが冷たいと、計測対象の熱を奪ってしまい、正確な温度がわかりません。

物理 15

力学以外にも当てはまる!?

熱力学第一法則（エネルギー保存の法則）

物体に熱や力を加えると内部エネルギーが増加するのよ

熱を持つ物体は、内部エネルギーを持つ

次ページの図のように筒に空気を入れ、ピストンを固定して円筒の中の空気を加熱します。その後ピストンを動くようにすれば、膨張した空気がピストンを押し出します。これは**熱エネルギー**（①）が仕事（物を動かすこと）をするエネルギーに変わったということで、エネルギー保存の法則が成り立っているともいえます。このように、「熱と仕事は同じものであり、熱から仕事へ、仕事から熱へと変換することができる。その間においてエネルギーは保存される」というのが**熱力学第一法則**です。そして熱せられた物体の持つ仕事をする能力を**内部エネルギー**（②）と呼びます。

熱エネルギーを内部エネルギーに変えるしくみは、ガソリンの燃焼による熱を動力とする車のエンジンなどに応用されています。

KEY WORD

① 熱エネルギー

古典的なニュートン力学の理論では、熱は扱われていなかった。物理学者であるニコラ・レオナール・サジ・カルノーらの研究により熱エネルギーへの理解が深まった。

② 内部エネルギー

温められた空気が鍋のフタを動かすように、熱を持つ物質は仕事をするエネルギーを秘めている。このエネルギーを内部エネルギーといい、熱や力を加えることで増加する。

$\Delta U=Q+W$（熱力学第一法則）
※ΔU：内部エネルギーの増加分
Q：加えた熱量　W：加えた仕事

■ピストンを熱した場合

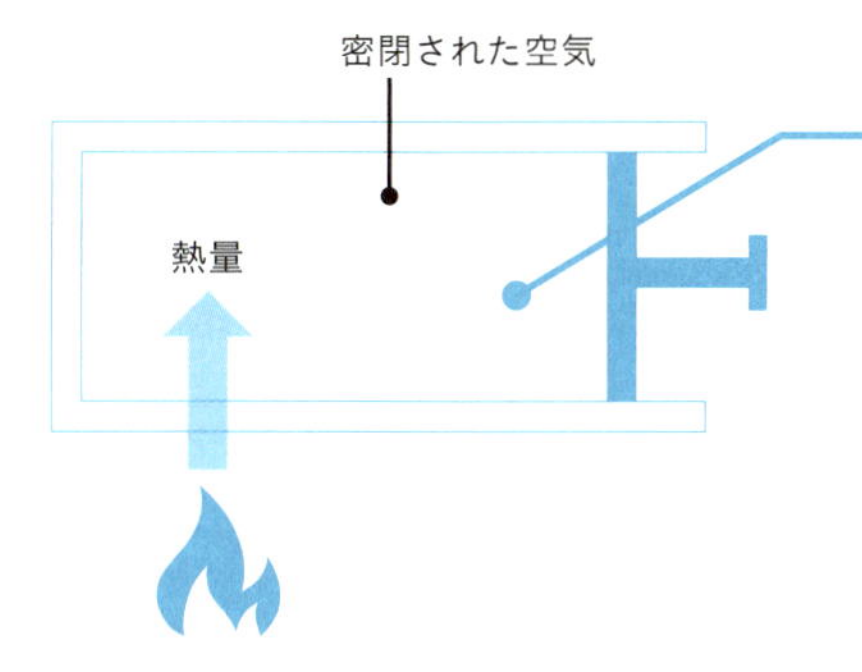

空気が熱せられると内部エネルギーが増加

熱することで内部エネルギーが増加する。このとき、エネルギーが増加した証拠に密閉した空気の圧力が高くなっている。

■ピストンを押した場合

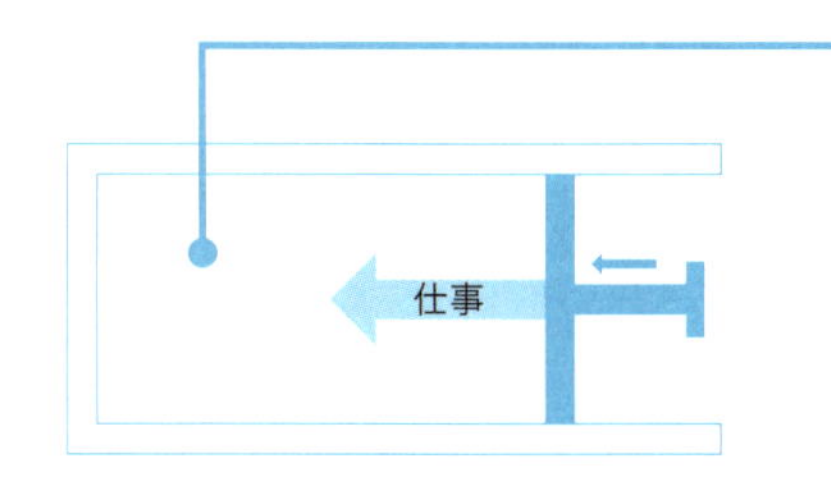

空気が圧縮されると内部エネルギーが増加

ピストンで空気を圧縮しても、空気の内部エネルギーは高くなる。このように、加えた熱と仕事の和が内部エネルギーの増加分となる。

もっと知りたい

太陽電池

エネルギー保存の法則は、力学的エネルギーや熱エネルギー以外にもあてはまります。太陽電池はエネルギー保存の法則を利用して、光エネルギーを電気エネルギーに変換する技術です。

省エネルギー

エネルギーの総和が不変でも、エネルギーには使いやすいものと使いにくいものがあります。電気エネルギーなど人が使いやすいエネルギーを大切にすることが、いわゆる省エネになります。

物理 16

エントロピーは増大する

熱力学第二法則

物体の温度が変化する「向き」に関する法則なのね！

熱は高温から低温へ伝わる

冷凍庫から取り出した氷は、空気中の熱を吸収していずれ溶けます。間違っても、氷はどんどん冷たくなり、周りの空気が氷の熱を奪ってどんどん温かくなるなんてことは起きません。

熱力学第二法則は、このような「熱が高温の物体から低温の物体へ伝わる」という現象を物理学的な観点から厳密に述べた法則です。この法則によると、熱の移動は他に何の変化も残さないならば、**不可逆変化**（①）です。つまり特別な仕事を加えない限りは水がひとりでに氷に変化するといった現象は起きません。

またこの法則では、熱が仕事に変わる場合（50ページ）について、熱が**全部仕事に変わる**（②）ことはないとも述べています。熱の一部は仕事に使われず、低温の物体へと放散していってしまうのです。

KEY WORD

① 不可逆変化

水に一滴のインクを垂らした時、水に溶けたインクが集まって元の一滴になることがないように、逆向きの現象が存在せず、完全には元に戻らない変化を不可逆変化という。

② 全部仕事に変わる

熱を100％仕事に変えることができる理想的な熱機関（永久機関）は、熱力学第二法則によって不可能であることがわかる。逆に、仕事を100％熱に変えることは可能である。

熱が低温の物体から高温の物体に ひとりでに移ることはない

■水の状態変化

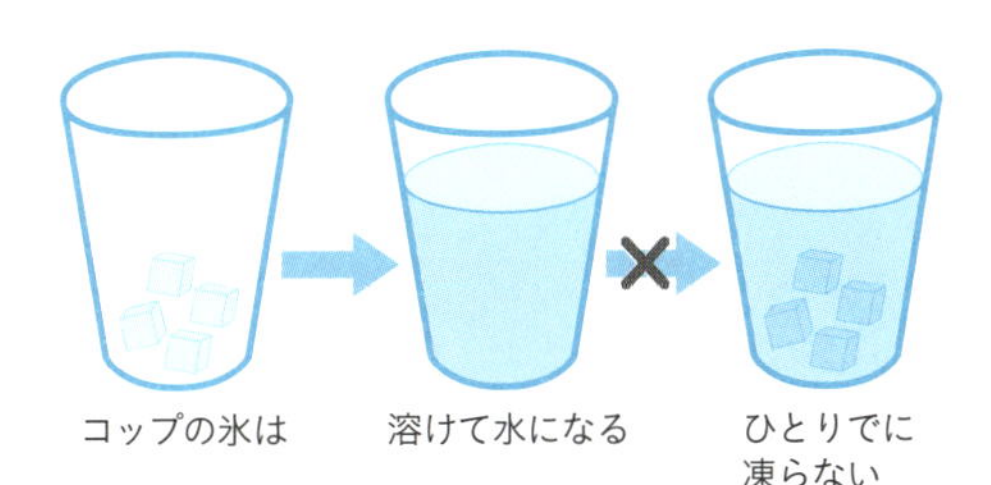

温度の変化は一方通行

熱は高温の物体から低温の物体に移動するが、温度がひとりでに低い物体から高い物体へと移動することはない。

■熱力学第二法則

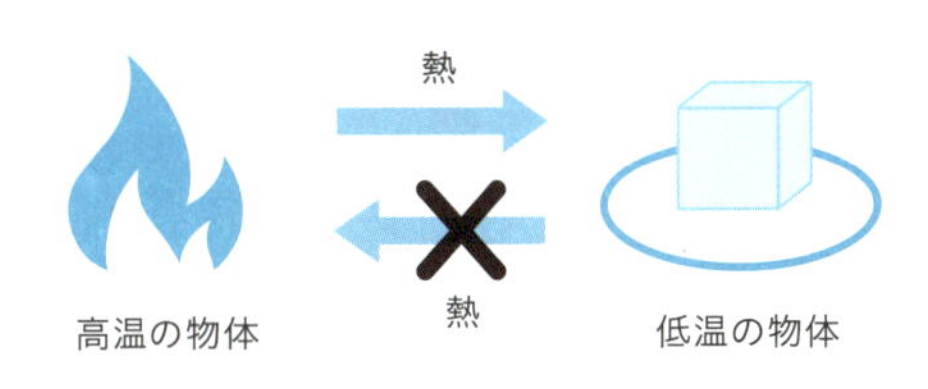

熱のやりとりは不可逆変化

高温の物体から低温の物体に移った熱が、再び高温の物体に戻ることはないということを、物理学では不可逆変化であるという。

もっと知りたい

エントロピー

利用できないエネルギーが増えることをエントロピーが増えるともいいます。不可逆変化が起こると、エントロピーが増えることから、熱力学第二法則は「エントロピー増大の法則」とも呼ばれます。

ガソリンエンジン

エンジンはガソリンを燃やして熱を取り出し、ピストン運動に変えます。しかし熱を100％運動エネルギーに変えることはできません。熱の一部はかならず「廃熱」となって放出されています。

物理 17

絶対零度では分子の運動が止まる

熱力学第三法則

低温の実験から導かれた分子の動きの法則よ

絶対零度ではエントロピーが0になる

この世の物体は分子や原子でできています。分子や原子は常に揺れ動いており、物体の持つ熱とは原子の乱雑な運動だということができます。物体の熱を取り去り温度を下げていくと分子や原子の運動が少なくなっていき、熱を完全に取り去ると止まってしまいます。その温度を**絶対零度**（①）といいます。この温度を摂氏で表すとマイナス273・15℃になります。これより低い温度は存在しません。**熱力学第三法則**とは「すべての純粋な物質の**完全結晶**（②）のエントロピーは、絶対零度では0になる」というものです。

純粋な物質を低温にする実験をすると、最初の結晶状態が違っていても、絶対零度に近づくにつれて、どの結晶も分子の動きが停止していきます。そこで、絶対零度におけるエントロピーは0と置くことができるのです。

KEY WORD

① 絶対零度

国際単位系の温度の単位には「ケルビン（K）」が使われ、絶対零度は0Kのことを指す。Kは「絶対温度（熱力学温度）」を表し、華氏や摂氏のように「°」がつかない。

② 完全結晶

配列構造の乱れや不純物のない理想的な規則性を持つ結晶のこと。現実の結晶では、配列構造の乱れや不純物を完全に排除することは不可能なことから、事実上存在しない。

すべての物質のエントロピーは、絶対零度では等しくなる

■ 低温時と高温時の分子や原子

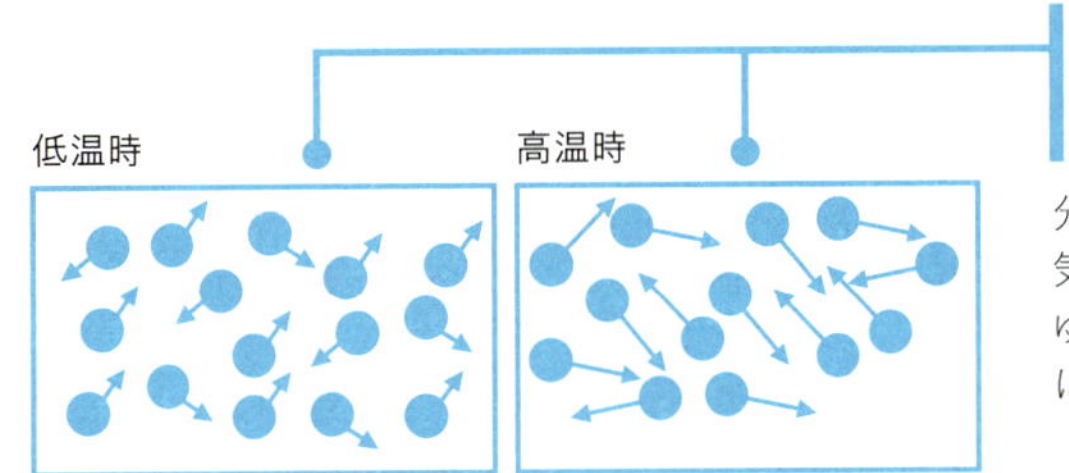

分子や原子は高温になるほど激しくなる

分子や原子の運動は、気体が低温の時にはゆっくり、高温の時には、激しくなる。

■ 絶対零度の時の分子や原子

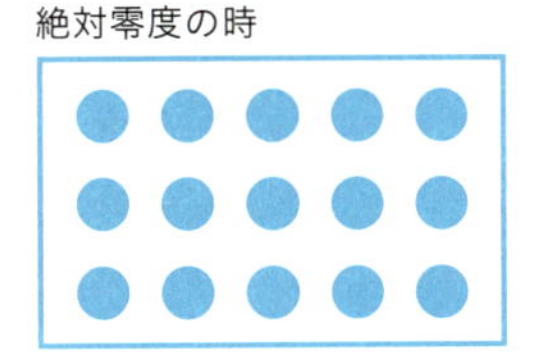

絶対零度の分子の運動

－273.15℃（0K）の状態では、分子の運動は完全に停止する。

もっと知りたい

気体の体積

気体の体積は、1℃温度が下がるごとに0℃の時の約273・15分の1ずつ減ります。マイナス273・15℃になると気体の体積は0になるため、それ以下の温度は存在しません。

ネルンストの熱定理

熱力学の第三法則はネルンストの熱定理とも呼ばれます。ネルンストはドイツの物理化学者で、可逆電池の研究から、温度が絶対零度に近づくとエントロピーが0に近づくことを発見しました。

物理 18

電流と発生する熱の関係

ジュールの法則

オーブントースターや電気ストーブに利用されている法則ね！

電流から熱ができる

電気が流れると熱が発生します。その熱量に関する規則性を見つけ出したのが**ジュール**（①）です。**ジュールの法則**は、電気ストーブ、電気毛布、オーブントースターなど、わたしたちの身近で応用されています。

電気抵抗が0ではない**導体**（②）に電気が流れることと発生する熱を、「ジュール熱」といいます。電流を流すと導体中を電子が移動します。そして電子が導体の中の原子や分子とぶつかって原子や分子を揺り動かし、導体の温度を高くするのです。ジュールの法則を式で表すと$Q=I^2Rt$（Qは生み出される熱量、Iは抵抗を流れる一定の電流、Rは電気抵抗、tは電流を流す時間）となります。電流が流れることによって生み出される熱量は、電流が強いほど、また流す時間が長いほど大きくなるのです。

KEY WORD

① ジュール

この法則を見つけたジェームズ・プレスコット・ジュールの名は国際単位「ジュール（J）」に残っている。これは仕事、熱量、電力量などのエネルギーの単位として用いられている。

② 導体

電流をよく通す物質を導体、あまり通さない物体を絶縁体という。それらの中間の性質を持つものは「半導体」と呼ばれ、電子回路の部品によく用いられている。

$$Q=I^2Rt$$

※Q：生み出される熱量　I：抵抗に流れる一定の電流
R：電気抵抗　t：電流を流す時間

■電熱線の温度測定

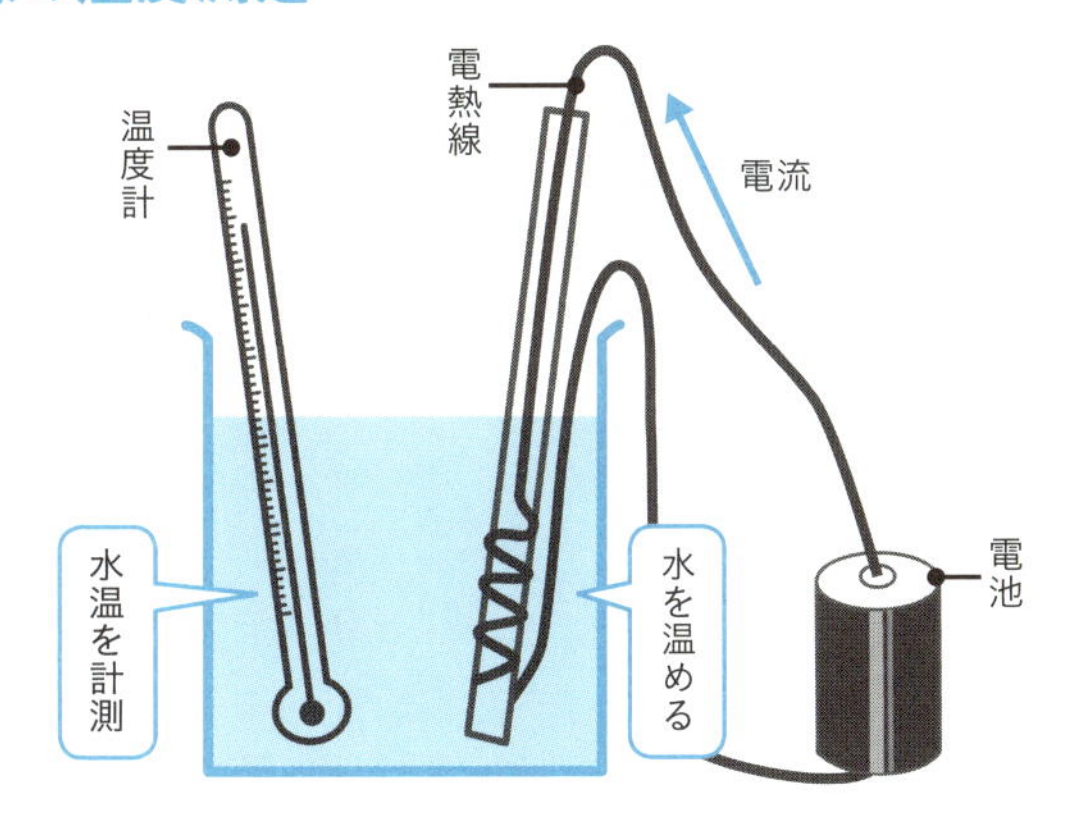

電子によって導体の温度が上昇

導体中を流れる電子によって、導体を構成する原子や分子が揺り動かされ、導体の温度が上がる。

電流が大きいほど水温が上がる

電熱線の発する熱を測りやすくするため、導体を水につけて水温の変化を測定する。その結果、電力量に比例して水温が上がることがわかった。

もっと知りたい

電熱線

電気を流すことで熱が発生する針金を電熱線といいます。電熱線は抵抗の大きいことが必要で、また高い温度にたえられることも重要。ニッケルとクロムの合金であるニクロム線がよく使われます。

カロリーとジュール

近年では食べ物を除いて、熱量の単位にカロリーではなくジュールが使われています。1カロリーは1gの水の温度を1℃上げる熱量で、ジュールに換算すると約4.2ジュールになります。

物理 19

電圧と電流と抵抗の関係を表す

オームの法則

電気回路などに応用されて役立っている法則ね

社会の発展に貢献!?

オームの法則は**電圧と電流**（①）、**抵抗**（②）の関係を表す法則で「導体（56ページ）に流れる電流は、その導体の両端にかかる電圧に比例し、その導体の抵抗に反比例する」というものです。この法則を式で表すと、$V=R\times I$（Vは導体の両端にかかる電圧、Rはその導体の抵抗、Iは導体に流れる電流）となります。また、電流、抵抗をそれぞれ求める場合は、電流＝電圧／抵抗（$I=V/R$）、抵抗＝電圧÷電流（$R=V/I$）で計算することができます。

また、抵抗の大きさが同じなら、電圧が高ければ高いほど電流は大きくなり、電圧が同じなら抵抗が大きければ大きいほど電流は小さくなることがわかります。

オームの法則は、電気を定量的に扱うことを可能にした重要な法則の1つです。

KEY WORD

① 電圧と電流

電流は、電線の中を流れる電気の量のことで、単位としてアンペア（A）が用いられる。電圧は、電気を流そうとするエネルギーで、単位としてボルト（V）が用いられる。

② 抵抗

電流の流れにくさを表す量を抵抗という。抵抗を直列につなぐと回路全体の抵抗は、各抵抗の和になり、並列につなぐと各抵抗より小さくなる。単位はΩ（オーム）が用いられる。

$V=RI$

※V：電圧　R：抵抗　I：電流

■電池で導体に電流を流した場合

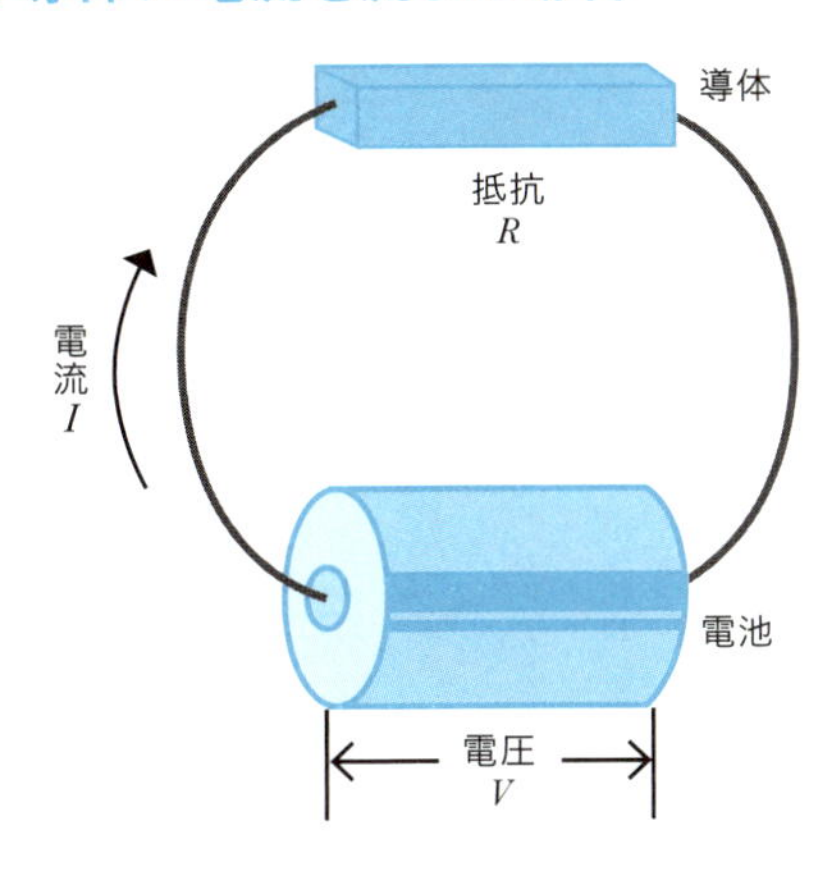

電圧が大きいほど電流は大きくなる

電圧は電気を流そうとするエネルギーで、その大きさは電池によって異なる。電流の大きさは電圧の大きさに比例する。

抵抗が大きいほど電流は小さくなる

電流の流れにくさを表すのが抵抗。電流の大きさは抵抗の大きさに反比例し、抵抗が大きいほど流れる電流は小さくなる。

もっと知りたい

ゲオルク・オーム

オームの法則は、ドイツの物理学者ゲオルク・オームによって発見されました。イギリスの科学者キャベンディッシュのほうが先に発見していましたが、オームが先に公表したため、オームの法則と呼ばれています。

超伝導

ある特定の金属や化合物を非常に低い温度に冷却すると、抵抗がゼロになるという現象のこと。効率的な送電システムなど科学技術への応用が期待されています。

物理 20

電気が引き起こす引力と斥力

クーロンの電気力の法則

電荷と電荷の間に働く力をクーロン力というわ

静電気によって起きる力

クーロンの電気力の法則は、1785年にシャルル・ド・クーロンによって発見された**電荷**（①）と電荷の間に働く力の大きさと、その向きに関する法則です。

ガラス棒を絹布でこすると**静電気**（②）が発生し、ガラス棒には正（プラス）、絹布は負（マイナス）の電荷が生まれます。電荷が異なれば（プラスとマイナス）電荷間に働く力は引き合う力（引力）となり、同じ（プラスとプラス、あるいはマイナスとマイナス）ならば、反発し合う力（斥力）となります。この電荷と電荷の間に働く力を「クーロン力」といいます。クーロン力（$\boldsymbol{F}$）は電荷（$\boldsymbol{q_1}$）と電荷（$\boldsymbol{q_2}$）の積に比例し、電荷間の距離（$\boldsymbol{r}$）の2乗に反比例します。この法則によって、2つの電荷量と電荷間の距離がわかると、2つの電荷の反発、あるいは引き合う力の大きさを求めることができます。

KEY WORD

① 電荷

物体が帯びている電気の量のこと。電荷にはプラスとマイナスの電荷がある。同じ電荷同士は反発し、異なる電荷同士は引き合うという性質がある。

② 静電気

物質と物質をこすり合わせたりすると発生する電気。摩擦によって物質の電子がどちらかの物質に移り、電子を失った物質はプラスに、電子を受け取った物質はマイナスになる。

$$F=K\frac{q_1 q_2}{r^2}$$

※F：クーロン力の大きさ　K：比例定数
q_1：電荷1　q_2：電荷2　r：電荷間の距離

■ 電荷の間に働く力

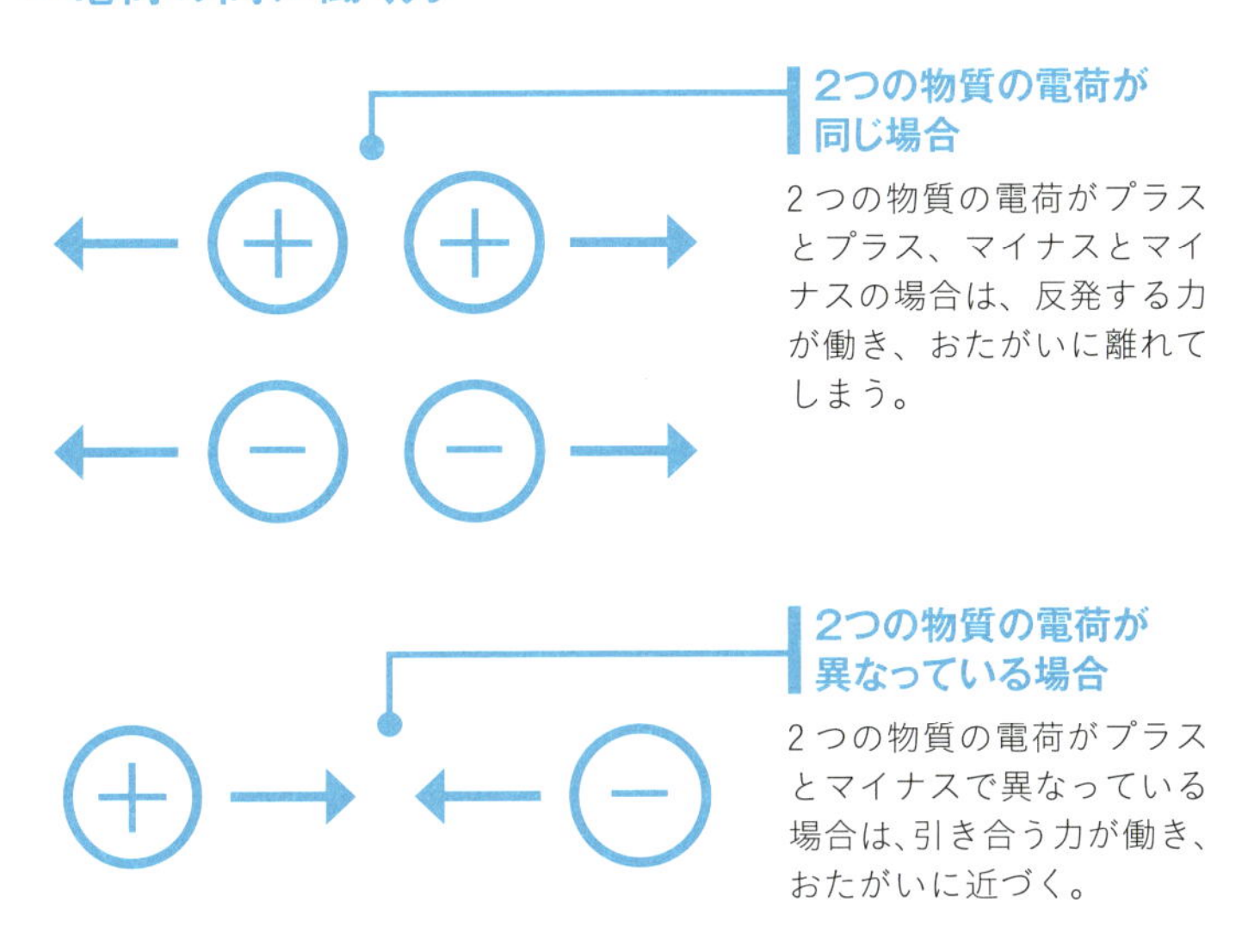

2つの物質の電荷が同じ場合

2つの物質の電荷がプラスとプラス、マイナスとマイナスの場合は、反発する力が働き、おたがいに離れてしまう。

2つの物質の電荷が異なっている場合

2つの物質の電荷がプラスとマイナスで異なっている場合は、引き合う力が働き、おたがいに近づく。

もっと知りたい

クーロン力と万有引力

万有引力は、物質と物質の間に作用する、おたがいに引きつけ合う力です。クーロンの法則は、万有引力の法則ととてもよく似ています。最も大きな違いは、引力には反発し合う斥力がないことです。

コピー機

コピー機に使われる粉末インクはプラスの電荷を帯びています。そしてマイナスの電荷を帯びた版（コピー元の写し）の上に紙を置き、インクを紙の上の必要な箇所にだけ吸い付け、紙に印刷するのです。

物理 21 電気力とうりニつの力とは?

クーロンの磁気力の法則

電気力の法則と一緒に「クーロンの法則」と呼ばれるわ

磁気力の大きさと向きに関する法則

クーロンの磁気力の法則は、電気力の法則(60ページ)と同じくクーロンが発見しました。この法則は、**磁極①**と磁極の間に働く磁気力(磁力)とその向きに関する法則です。1つの磁石にはかならずN極とS極があり、それらを磁極といいます。電荷はプラスだけマイナスだけでも存在しますが、磁極の場合、**棒磁石②**は切っても切った端にN極とS極が現れます。N極だけ、S極だけといった単独では存在しないのです。

クーロンの磁気力の法則とは、磁気力の大きさ(F)は、それぞれの磁気量(m_1、m_2)の積に比例し、磁極間の距離(r)の2乗に反比例するというものです。電気力の法則とよく似ている法則で、磁気力の法則ではN極とN極、S極とS極の場合は斥力(反発する力)、N極とS極の場合は引力(引き合う力)が働きます。

KEY WORD

① 磁極

磁石のN極とS極を磁極という。物理学ではN極が正の磁極、S極が負の磁極と定義される。磁気力が存在している空間は磁場、あるいは磁界と呼ばれる。

② 棒磁石

棒磁石の内部では、原子が磁極の向きを揃えて並んでいる。磁石内部では隣り合うN極とS極によって磁極は打ち消されるので、棒磁石の両端にだけ磁極が現れることになる。

$$F=K\frac{m_1 m_2}{r^2}$$

※F：磁気力の大きさ　K：比例定数
m_1：磁気量1　m_2：磁気量2　r：磁極間の距離

■ 磁石の構造

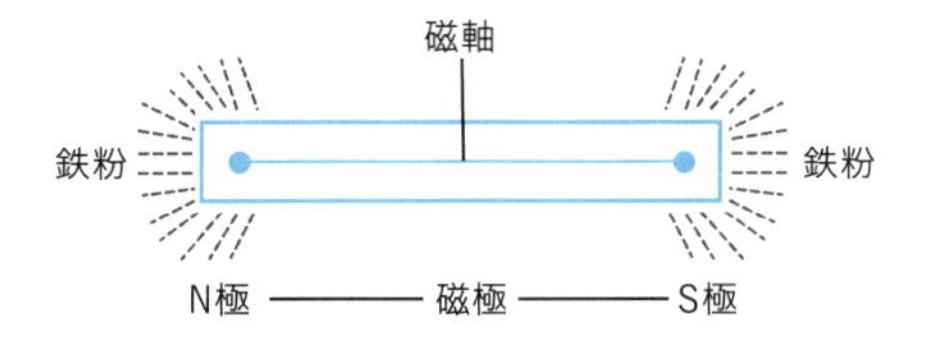

S極とN極がある

磁石は必ずS極とN極がペアになっている。磁極と磁極の間に働く力を磁気力という。

■ 磁極に働く力

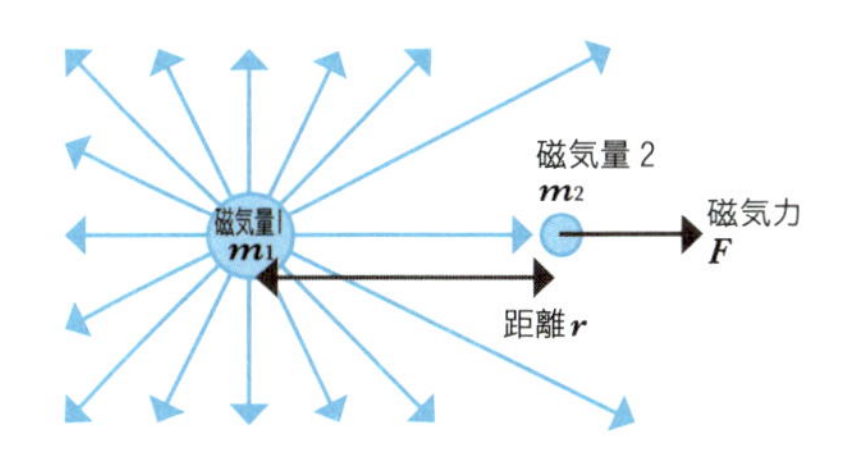

磁気による力が求められる

磁気力の大きさは、それぞれの磁気量の積に比例し、磁極間の距離rの2乗に反比例する。同じ極同士では斥力、N極とS極では引力となる。

もっと知りたい

地磁気

地球も1つの大きな磁石と見ることができます。地球の磁気的現象を地磁気といいます。方位磁針を見るとN極の針は北を指します。これは、地球は北極がS極だということを表しています。

磁石の磁気現象

物質は原子でできていて、原子の中には原子核があります。電子は原子核の周りをまわりながら自転しているのですが、身近にある磁気現象のほとんどは、電子のそうした運動がつくるものです。

物理 22 実は右手の法則もある!?

フレミングの法則

指を使って覚えられる
電流と磁場についての法則よ

力の向きをわかりやすく表す

磁場の中に置かれた導線に電流を流すと、導線に力が働きます。この力を「**アンペールの力**（①）」といい、モーターを回転させる時に働いています。また、電流は磁場を発生させるため、２本の導線に電流を流した場合は導線がおたがいに力を及ぼします。電流が同じ方向に流れていれば引き合う力が働き、反対方向に流れていれば、退け合う力が働くのです。

これとは逆に磁場を用いて、電流を発生させることもできます。これを**電磁誘導**（②）といい、導線を横切る磁場を変化させて電流を起こします。このしくみを使って発電機をつくることができます。

フレミングの法則とは、これらの現象で起こる電流や磁界、力の向きを覚えられるようにと、大学の先生だったフレミングが考案した法則です。

KEY WORD

① アンペールの力

1820年にフランスの物理学者アンドレ＝マリ・アンペールによって発見された力。アンペールは力の向きと磁場の向きを覚えるのに、「右ねじの法則」を提唱した。

② 電磁誘導

導線をぐるぐる巻きにしたコイルに磁石を出し入れすると、コイルの中の磁場が変化して、コイルの両端に電圧が生まれる。この時コイルに流れる電流を誘導電流という。

「電流・磁界・力の向き」を、指を使って表す法則

■フレミングの左手の法則・右手の法則

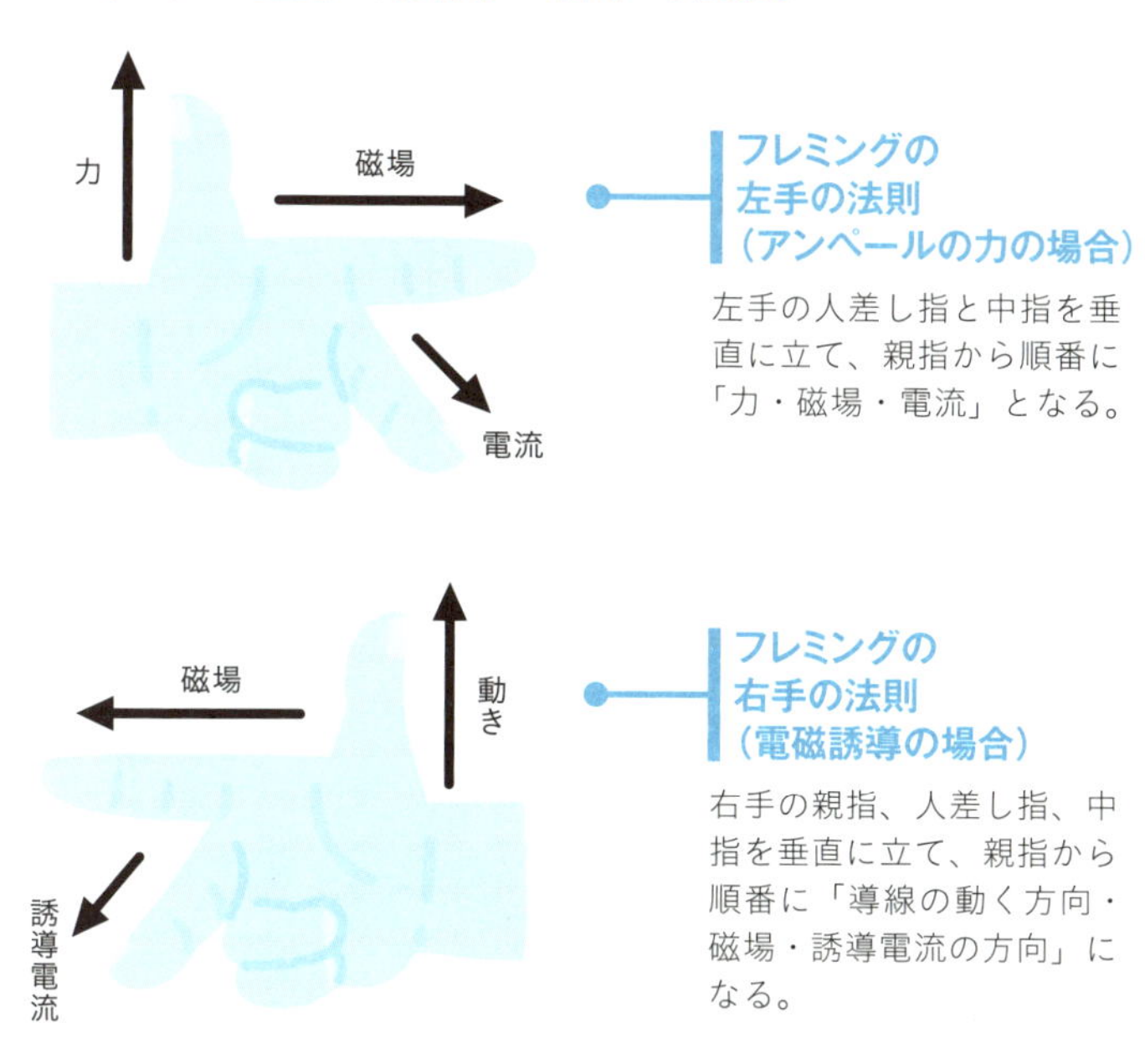

フレミングの左手の法則（アンペールの力の場合）

左手の人差し指と中指を垂直に立て、親指から順番に「力・磁場・電流」となる。

フレミングの右手の法則（電磁誘導の場合）

右手の親指、人差し指、中指を垂直に立て、親指から順番に「導線の動く方向・磁場・誘導電流の方向」になる。

もっと知りたい

スピーカー

スピーカーは、コーン紙（振動板）、コイル、磁石から成り立っています。コイルに電流を流して発生する力でコーン紙を震動させます。この力の向きは、フレミングの左手の法則で説明できます。

エレキギター

エレキギターについているマイクは磁石とコイルからできています。鉄でできた弦を弾くと、振動によって磁石の磁場が変化し、コイルに電気が発生します。これはフレミングの右手の法則です。

物理 23

光の速さには追いつけない？

光速度一定の法則

宇宙でいちばん速いのが光よ！

高速で移動している人から見ても速度は一定

「どんな観測者から見ても、**光の速度**（①）は一定である」というのが、**光速度一定の法則**です。光の速度は秒速30万kmです。「もし秒速20万kmの速度で光を追いかけたら、光の速度は秒速10万kmに見えるのでは？」と思われるかもしれません。ところが光の速度は、止まっている人から見ても、光速に近い速度で移動している人から見ても秒速30万kmで変わらないというのです。

光速度一定の法則はアインシュタインの特殊相対性理論（68ページ）の重要な原理の1つです。この法則は観測によって確かめられました。

光速度の測定（②）を高い精度で行ったのがマイケルソンとモーレーの実験です。この実験は光を異なる方向に往復させ、その往復時間を比べるというもので、その結果、光の速度の違いは見出されませんでした。

KEY WORD

① 光の速度

初めて光速度を求めたのはデンマークの天文学者レーメルで、木星の衛星の食（複数の衛星が重なったりして見えなくなること）の観測から計算したものだった。

② 光速度の測定

古くはガリレオが２つの山の頂に人を立たせ、片方の人間が光を掲げたらもう一方が光を送り返すという方法で光速度を測定しようとした。しかし光が速すぎて実験は失敗した。

どんな観測者から見ても光の速度は一定

■ 地球公転と光の速度

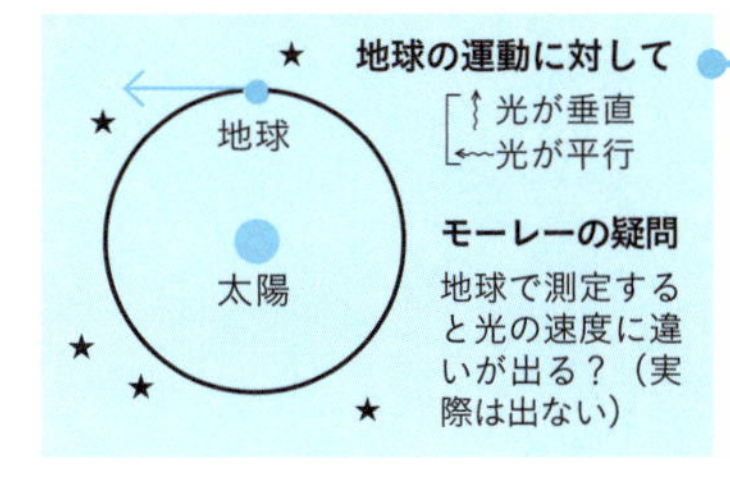

地球の動きは光の速度に影響がある？

当時は宇宙空間を満たすエーテルという物質を媒介にして光が伝わると考えられていた。エーテルに対して地球が運動している方向とそれに垂直な方向では、同じ距離でも光の往復にかかる時間が違うとされた。

■ マイケルソンとモーレーの実験（1887年）

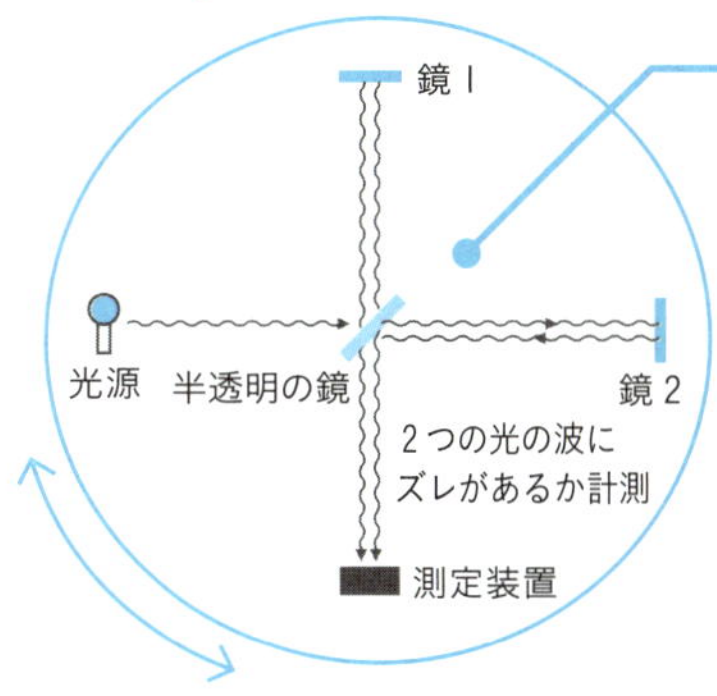

装置は回転台にのっていて位置を変えられる

光速度を精密に測定した実験

光源から出た光線は、半透明の鏡で2本にわかれる。そして鏡1、鏡2に反射され、Aで再び一緒になって測定装置に入る。2つの方向にわかれたので、地球の運動が光の速度に影響をあたえるのであれば、2つの光は異なるタイミングで測定装置に入るはず。測定装置は光の波の性質を利用し、入ってきた2つの光の波が一致しているかどうかを調べることで、同じタイミングで光が入ってきたのかを測定する。

もっと知りたい

太陽までの距離

地球から太陽までの距離は約1億5000万km。光の速度は秒速30万kmなので、太陽から出た光は約500秒かかって地球まで届きます。私たちがいつも見ている太陽は、8分以上前の姿なのです。

光速で飛ぶ粒子

質量のある粒子は光速より遅い速度でしか動けません。質量のない粒子は光速で動けますが、止まることはできません。光の粒子である光子、重力を伝える重力子などが質量のない粒子です。

物理 24

高速で移動すると時間がゆっくりになる!

特殊相対性理論

時間と物体の運動には密接な関係がある

光速度が一定ならば時間と空間は変化する

特殊相対性理論は「すべての物理法則は、あらゆる**慣性系（①）**で同一である」というガリレオの相対性原理が元になっています。速度＝距離÷時間ですから、別の慣性系でも光の速度が変わらないとすれば、その慣性系では距離と時間が変化していることになります。

特殊相対性理論によれば、距離や時間やそのほかの物理量が変化するため、次のような現象が起こります。動いているものは、止まっているものより時間の進み方が遅くなる。動いているものは、長さが縮む。動いているものは、質量が増える。ただしこれらの現象は、移動している物体の速度が光速に近づいた時に顕著になります。特殊相対性理論では「**質量とエネルギーの等価性（②）**」を表した「$E＝mc^2$（エネルギー＝質量×光速の2乗）」という式が有名です。

KEY WORD

① 慣性系

物体が静止もしくは等速直線運動するという慣性の法則が成り立つ座標系のこと。慣性系に対して、加速度を持って運動しているような座標系を非慣性系という。

② 質量とエネルギーの等価性

質量とエネルギーは等しいという理論。ウランが核分裂すると莫大なエネルギーが放出されるが、核分裂後の物質の質量を測ると放出されたエネルギーの分だけ質量が減っている。

物理 25 電子って粒子なの？　波なの？

不確定性原理

1つの粒子の運動量と位置は同時に正確にはわからない

捉えどころのない粒子の存在

不確定性原理とは、「1つの粒子の運動量と位置を同時に正確に知ることはできない」という原理で、ハイゼンベルクらが提唱した**量子力学**（①）の基礎的な原理です。日常的な世界では、投げたボールの位置と運動量を同時に測定することは簡単です。しかし、電子や原子のミクロな世界では、電子の位置をより正確に決定すればするほど、運動量を正確に知ることができなくなります。逆に運動量を正確に決めようとすると、電子の位置の不確定性が高くなってしまいます。これを物質本来の性質と考えるのが不確定性原理です。

なぜこんなことが起こるのかというと、量子は粒子であると同時に「波」としての性質も持っているからだと考えられています。これを「**粒子と波動の二重性**（②）」といいます。

KEY WORD

① 量子力学

一般相対性理論と並んで現代物理学の根幹となっている理論。分子や原子、それを構成する陽子、電子、中性子などミクロの世界の物理現象をあつかう。

② 粒子と波動の二重性

20世紀初めには、光は波であると考えられていた。しかしアインシュタインが、光電効果は光が粒子の性質も持っていることから起きる現象だと説明した。

1 時間目 物理学は昔、哲学だった!? 物理のテスト

なまえ

/100

物理の知識がどのぐらい身についたのか、物理のテストに挑戦してみよう！
問題は1問20点。答えは72ページにあるよ。

1 天秤はどちらに傾く?

アルキメデスの考えた天秤に、銀が混じった金の王冠と純金（王冠と同じ質量）をかけた場合、天秤は純金のほうに傾いた。それではその王冠と銀（王冠と同じ質量）を天秤にかけた時、どちらに傾くか？

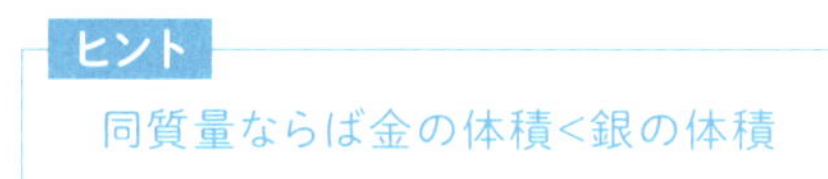

ヒント
同質量ならば金の体積<銀の体積

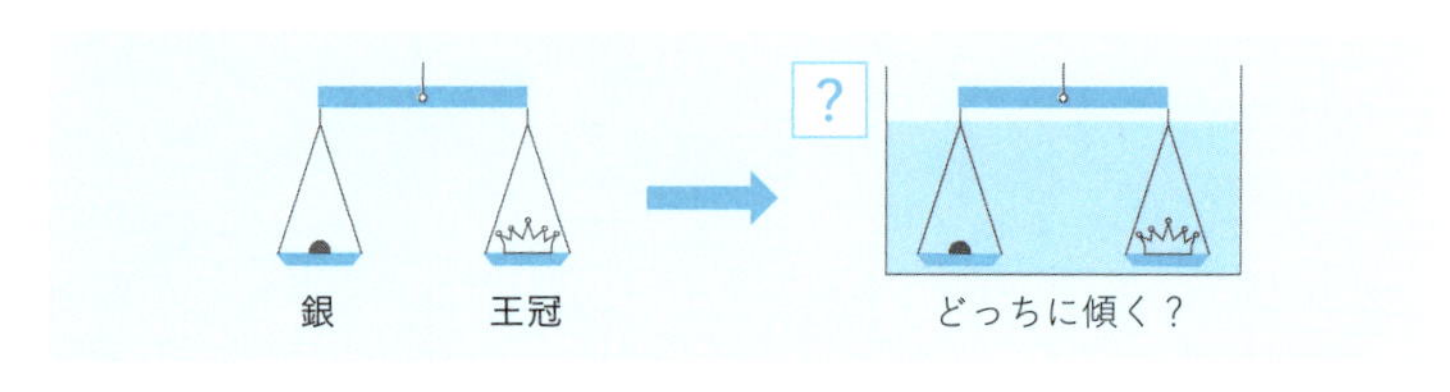

2 台車を動かすのに必要な力は?

50kgの荷物を載せた台車をある力で押した時の加速度はaだった。では加速度が$4a$になるように100kgの荷物をのせた台車を押すには、1回目の何倍の力で押せばよいか？

ヒント

力(F)=質量(m)×加速度(a)

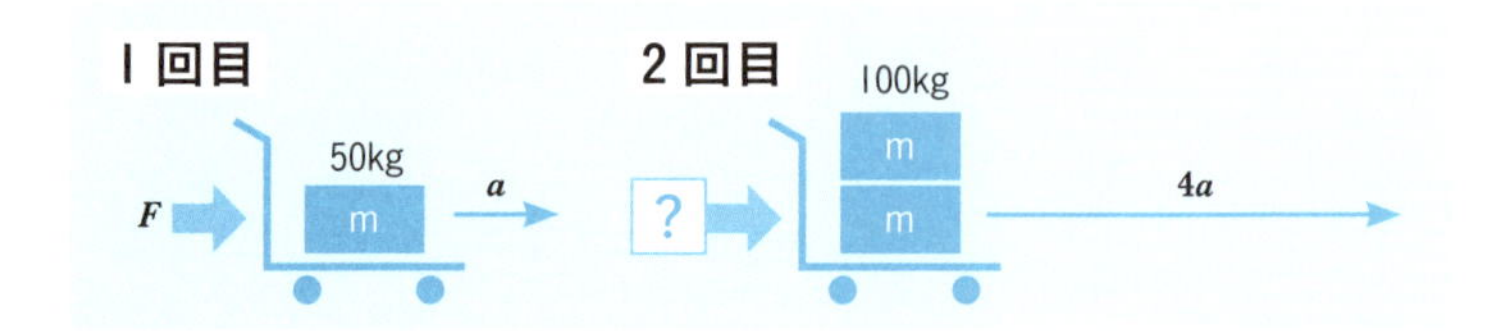

3 2つの力の合力はどっち?

2 方向に働く力 $f1$ と $f2$ があるとする。この 2 つの力の合力 F は A と B のどちらになるか?

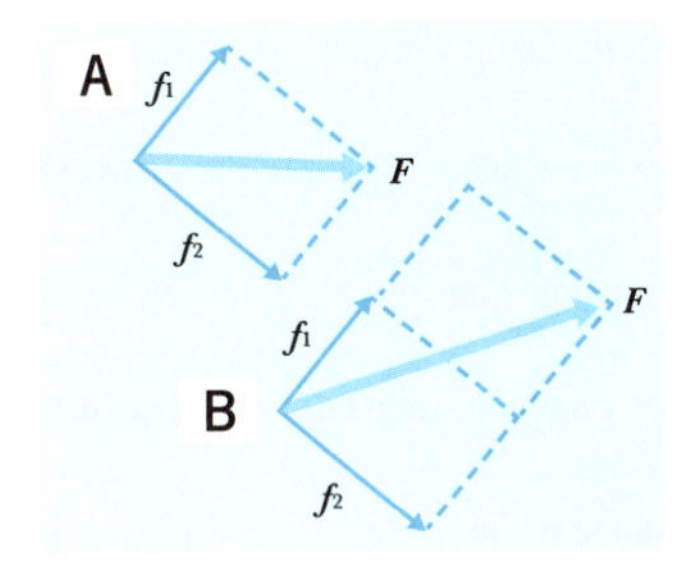

ヒント

合力に関する法則の名前は?

4 万有引力Fを求めよ

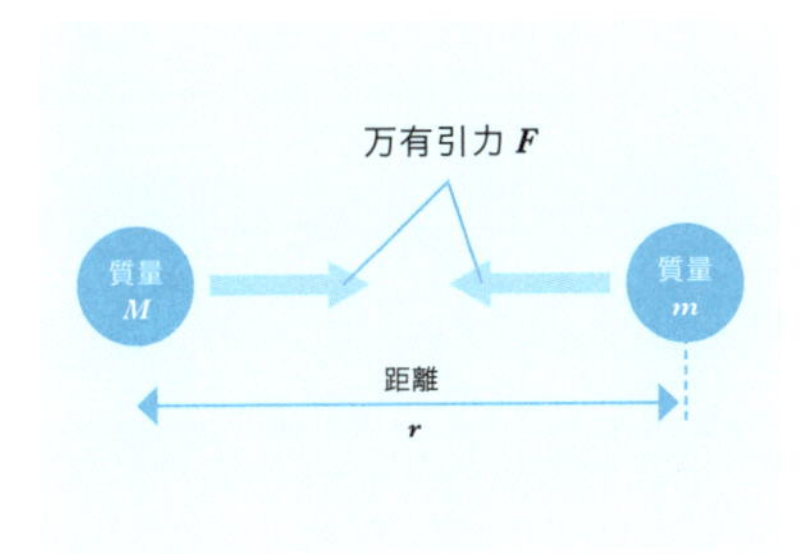

万有引力定数 G を6.67×10^{-11} m^3/kgs^2 とする。2 つの物体の質量が 10^8kg と 10^3kg、距離が 1m の時、これらに働く万有引力を求めよ。

ヒント

$$F=G\frac{Mm}{r^2}$$

5 導体の電気抵抗は何Ω?

図のように電流を流した時、電圧は 20V、電流は 60A だった。この時、導体の抵抗 R は何Ωか?

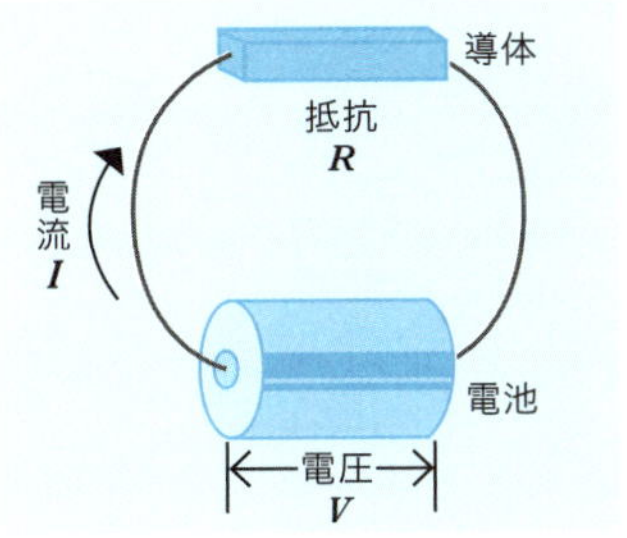

ヒント

$V=RI$

物理のテスト

答え

Answer

1 A：王冠のほうに傾く

王冠は銀と金でできている。そのため質量が同じであれば銀と比べて、王冠の体積は小さくなる。

体積が小さいと、押しのける水の量が比較的少なくなる。そして相対的に浮力が小さくなる。

よって、水槽に入れて天秤にかけた時、王冠にかかる浮力は、銀にかかる浮力より小さいため、天秤は王冠のほうに傾く。

2 A：8倍

1回目に台車を押した力を
F_1とすると

F_1=50kg×a

2回目には加速度が4aに
なればいいので

F_2=100kg×4a

よって、F_2=400kg×a=8×50kg×a
=8 F_1

3 A：合力はA

2つの力の合力は、2つの力のベクトルを2辺とした平行四辺形の対角線となる。
Aはf_1、f_2を2辺とする、平行四辺形の対角線がFとなっている（長方形は相対する2辺が平行であるため、平行四辺形である）。
Bはf_1、f_2が平行四辺形の2辺となっていないので誤り。

よって正解はA。

4 A：6.67N

万有引力の法則の公式に各数値を当てはめる。

F=6.67×10^{-11}×10^8×10^3mkg／s^2
=6.67mkg／s^2

［mkg／s^2］は［N］という力の単位と同じ。

よって正解は6.67N。

5 A：$\frac{1}{3}$Ω

電圧V=20V、電流I=60Aのため
オームの法則に当てはめると

20V=60A×R
R=$\frac{1}{3}$ Ω

となる。よって導線の抵抗Rは
$\frac{1}{3}$Ω。

化学の時間

ケミストリーは世界を救う!?

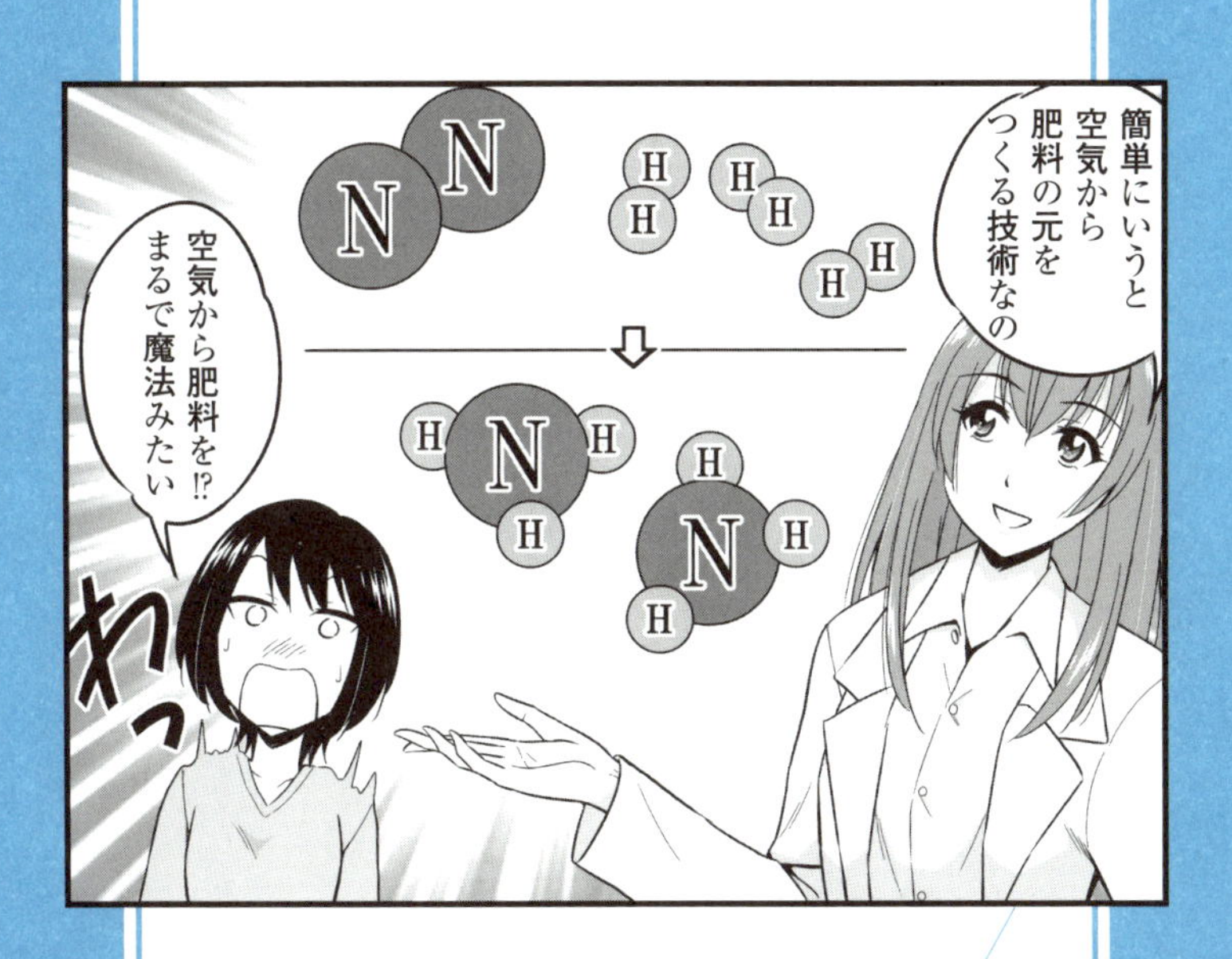

Chemistry

物
化学
物理
進級できるよう頑張って!
カリ
カリ
よ~し頑張るぞ!!
カリ
カリ
カリ
カリ
あんなおばさんに簡単にそそのかされちゃって!
ほんと馬鹿なんだから
むすっ

政治
法律
経済
ジャ
フミオくん
ホントに
頑張って
いるのね
わっ!!
ーン

ケイコちゃんは
フミオくんのことが
気になって
仕方がないのね
ずいっ
なっ!?

ないない
ないですよ!
あんなやつ
ぶんぶんっ

でも……
文系の生徒が理科を勉強して意味があるんですか?
あんなバカがちょっと理科を学んだって
ヤリ
ヤリ
ヤリ
世の中の役に立つとは思えないけど……
うーん…
そんなにダメな子じゃないと思うけど……
あせっ
でも、文系の生徒が理科を学ぶことは大切よ
たとえば世界を救ってくれたヒーローがいて

その存在を誰も知らなかったら
そのヒーローがかわいそうだと思わない？

じょわっ
は、はあ……
誰？あの変な格好したおじさん

でも理科が世界を救ったなんて大げさじゃないですか？
そんなことないわ

たとえば化学は人類を食糧危機から救っているのよ
えっ
食べ物が不足してしまうってことですか？

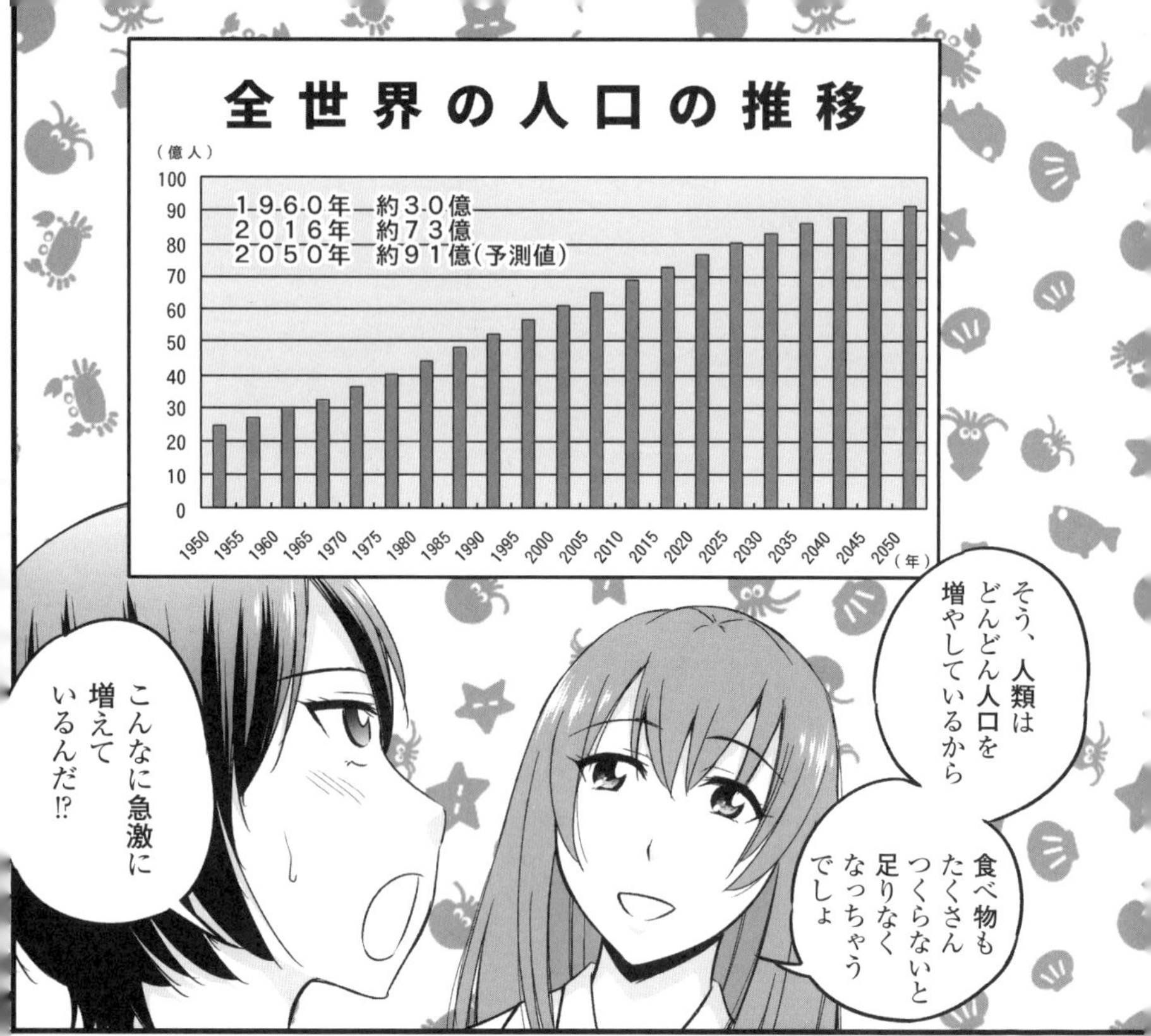

全世界の人口の推移
（億人）
100
90
80
70
60
50
40
30
20
10
0
1960年　約30億
2016年　約73億
2050年　約91億（予測値）
1950 1955 1960 1965 1970 1975 1980 1985 1990 1995 2000 2005 2010 2015 2020 2025 2030 2035 2040 2045 2050
（年）
そう、人類はどんどん人口を増やしているから
食べ物もたくさんつくらないと足りなくなっちゃうでしょ
こんなに急激に増えているんだ⁉

食糧が増えなきゃ大変なことになっちゃいますね

それを解決しているのが化学技術を用いて生み出されたハーバー・ボッシュ法よ
ハーバー・ボッシュ法？
ピクッ

N_2（大気中の窒素）＋ $3H_2$（水素）→ $2NH_3$（アンモニア＝肥料の元）
N
N
H
H
H
H
H
H
N
H
H
H
N
H
H
H
簡単にいうと空気から肥料の元をつくる技術なの
空気から肥料を⁉まるで魔法みたい
わっ

このおかげで大量に化学肥料がつくれるようになり農作物の収穫量がアップして
食糧危機が起こらずに済んでいるのよ
へ、へえ……すごいかも
ねーっ
すごいでしょ‼

もっと言えば
ハーバー・ボッシュ法が
生まれたのは
いろいろな化学者たちの
努力があったからなの
ラボアジエ
質量保存の法則を発見
ドルトン
原子論を発表
アボガドロ
分子仮説を発表
へーーーっ
自然界の神秘を
実験を重ねて
解き明かしていく
化学者たち
スゥッ

カッコイイと
思わない？
ドルトン様
シブい！
なんで
保健医なのに
理科に詳しい
のかと思ったら
この人……
ただの
理科オタクだ
ひぇっ
きゃーーっ

ちなみに
ラボアジェは
法学部を卒業した
バリバリの
文系だったの
えっ…
カリ
カリ

理科に
興味を持って
勉強したら
文系だって

偉大な発見を
するかも
しれない
じゃない？

またねー
ぐっ…
ぐぬぬ…
リカコ先生を
ライバルと
認識した
ケイコだった……

化学 01 空気は圧縮すると小さくなる

ボイルの法則

身近な存在である空気の基本的な性質を解き明かした法則よ

ポテトチップスの袋がふくらむわけ

タイヤや蒸気機関車など、わたしたちの生活には**空気**（①）の力を利用したものが多くあります。ですが空気（気体）の性質については、太古の昔からわかっていたわけではありません。この**ボイルの法則**は「圧縮すると小さくなる」という気体の基本的な性質を述べたものです。

この法則によると気体を圧縮する力を2倍、3倍としていくと、気体の体積は1／2、1／3と反比例して小さくなっていきます。当たり前のように思えるかもしれませんが、気体を扱う科学の出発点となる法則です。

たとえば麓で買った**ポテトチップスの袋**（②）が、山頂でどのぐらい膨らむのかを計算できます。麓の気圧を1気圧、山頂の気圧を1／2気圧とすると、山頂ではポテトチップスの袋の体積は2倍になります。法則によって、計算できるようになることが科学的には大事です。

KEY WORD

① 空気

空気には窒素や酸素、水蒸気などさまざまな気体が含まれている。しかしボイルの法則の公式には、気体の成分は含まれておらず、気体の種類にかかわらず成立する法則である。

② ポテトチップスの袋

ポテトチップスの袋が空気に与える力を0とした時に、山頂で袋は2倍の大きさになる。袋が2倍になる前に破れたり、袋の伸縮力で空気を圧縮した場合は2倍にならない。

公式

$$pV=a$$

※p：気体にかかる圧力　V：気体の体積　a：定数

■気体の圧縮実験

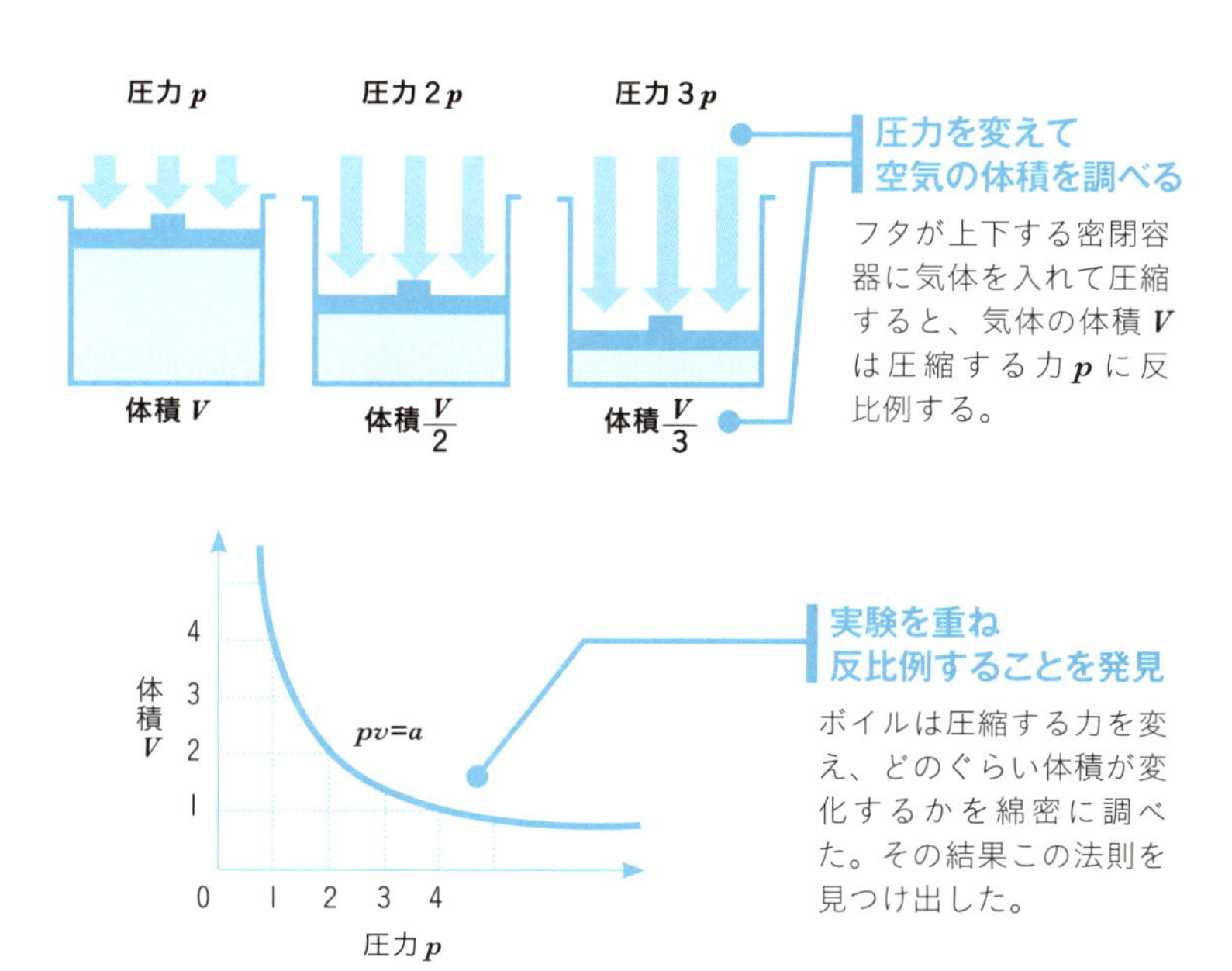
圧力 p
圧力 2p
圧力 3p
体積 V
体積 V/2
体積 V/3
圧力を変えて
空気の体積を調べる
フタが上下する密閉容器に気体を入れて圧縮すると、気体の体積 V は圧縮する力 p に反比例する。
体積 V
4
3
2
1
0
1
2
3
4
圧力 p
pv=a
実験を重ね
反比例することを発見
ボイルは圧縮する力を変え、どのぐらい体積が変化するかを綿密に調べた。その結果この法則を見つけ出した。

もっと知りたい

タイヤ

自動車のタイヤはわずかな接地面積で、1tを超える車を支えています。これは圧力にすると、1気圧～3気圧ほどです。タイヤの中の空気は通常の1／2～1／4の体積に圧縮されています。

原子説のさきがけ

当時は「気体を圧縮すると体積が小さくなる」ことを科学的に説明できませんでした。この現象の説明には原子や分子の考え方が必要で、ボイルは200年後の原子説の端緒を開いたといえます。

化学 02 ピンポン玉のへこみは温めて直せ

ボイル・シャルルの法則

圧縮するだけでなく空気の体積は温めても大きくなるわ

↓ 力をかけなくても体積は変わる

圧縮すると気体の体積は変わるというのがボイルの法則（82ページ）でした。しかし実際に力を加えなくても気体の体積を大きくしたり小さくしたりする方法があります。それは空気の温度を変えることです。

へこんでしまったピンポン玉を元通りにしたい時は、ピンポン玉をお湯につけます。すると空気が膨張して圧力が高まり、ピンポン玉を元の形に押し戻してくれるのです。このように「気体の体積は温度に比例する」という法則をシャルルの法則といいます。そしてボイルの法則とシャルルの法則から導き出される法則を**ボイル・シャルルの法則**（①）といいます。どんな気体でも圧力×体積／温度は一定になるというもので、圧力と温度がわかれば気体の体積が推測できるのです。しかし厳密には**理想気体**（②）にのみ当てはまる法則です。

KEY WORD

① ボイル・シャルルの法則

ジャック・シャルルはロバート・ボイルの100年以上後に生まれ、ボイルの法則を温度変化が生じた場合にも適応できるように拡張した。そのため2人の連名になっている。

② 理想気体

実際の気体では分子同士がお互いに影響を与え合うため、ボイル・シャルルの法則とはわずかに異なる結果が出る。分子同士が影響を与え合わない気体を理想気体という。

$$pV/T = 一定$$

※ p：気体にかかる圧力　V：気体の体積
T：気体の温度

■さまざまな条件で体積を計測

圧力と温度を変化させる

圧力を変えればボイルの法則が、温度を変えればシャルルの法則が成立。この関係式を統合するとボイル・シャルルの法則になる。

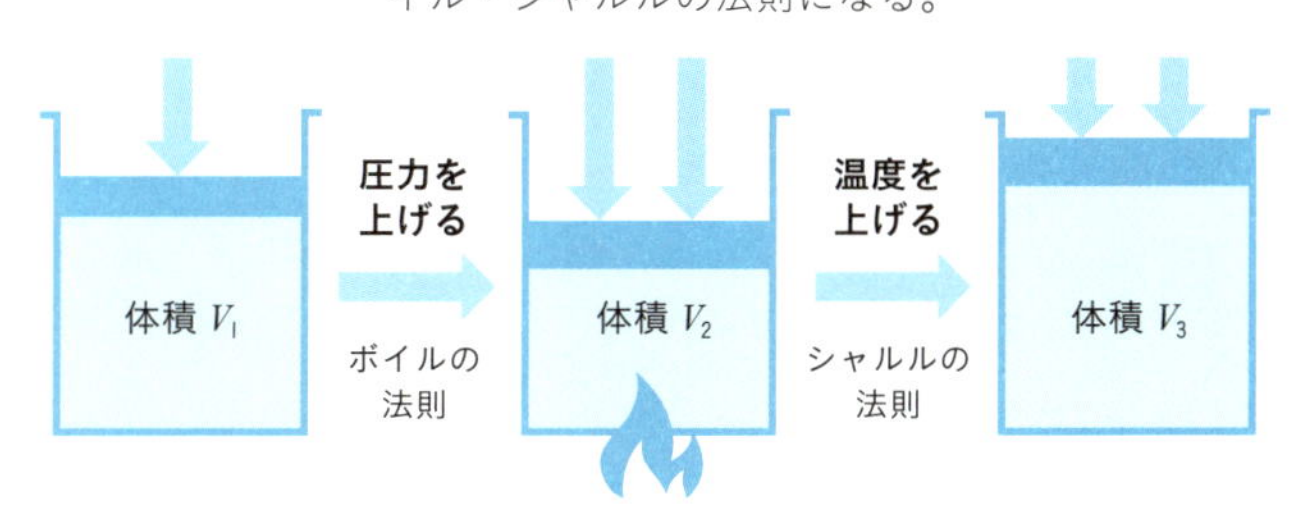

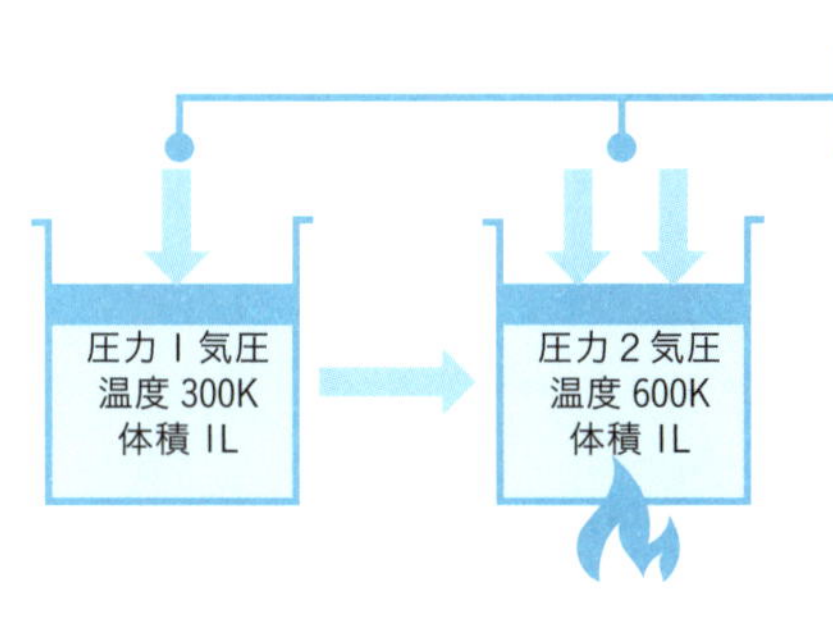

公式を使って体積を予測

ボイル・シャルルの法則では圧力×体積／温度が一定になるため、圧力と温度を変化させた時の体積が予測できる。

もっと知りたい

蒸気機関車

温めた水蒸気を動力とするのが蒸気機関車です。産業革命の頃には、蒸気機関が実用化され人々の暮らしに便利さをもたらしました。ボイルの頃には、熱はエネルギーだと考えられていませんでした。

フェーン現象

空気が山を越えると、越える前と比べて温度が上がるという現象。空気が山を下る時、大気圧が上昇して空気が圧縮されることで温度が上昇しますが、これはボイル・シャルルの法則の効果です。

化学 03 漬物は塩で水分を抜いている?

ファント・ホッフの法則

大きな物質を通さない膜は
不思議な現象を引き起こすわ

薄いほうから濃いほうへ流れる

無数に小さな穴があいていて、通れる物質と通れない物質があるような膜を**半透膜**(①)と呼びます。この半透膜を隔てて濃さの違う液体を接触させると、薄いほうから濃いほうへ分子の小さい水だけが移動するのです。

この現象は漬物を漬けた時に見られます。野菜の細胞膜が半透膜の役割を果たし、細胞内の水分が塩気の強い外側に引っ張り出されて野菜の水分が抜けます。

このように薄いほうから濃いほうへ水が移動するのは、水に圧力がかかって半透膜を透過するのだとみなせます。この水にかかる圧力のことを浸透圧といい、その大きさについての法則が**ファント・ホッフの法則**です。これは片方を**純水**(②)とした時の法則で、浸透圧は水溶液側の濃度や温度が高くなるほど、その値が大きくなるというものです。

KEY WORD

① 半透膜

生物は細胞膜にこのしくみを持たせることで体内の物質の濃度を調整している。ナメクジに塩をかけると縮むのも、ナメクジの表皮が半透膜の役割を果たしているからである。

② 純水

不純物を含まない水のことを純水という。蒸留などの手段によって不純物を分離し取り出すことによってつくることができ、電子部品の洗浄などに用いられる。

$$pV=nRT$$

※p：浸透圧　V：水溶液の体積
n：水溶液の濃度　R：定数　T：水溶液の温度

■ 半透膜の役割

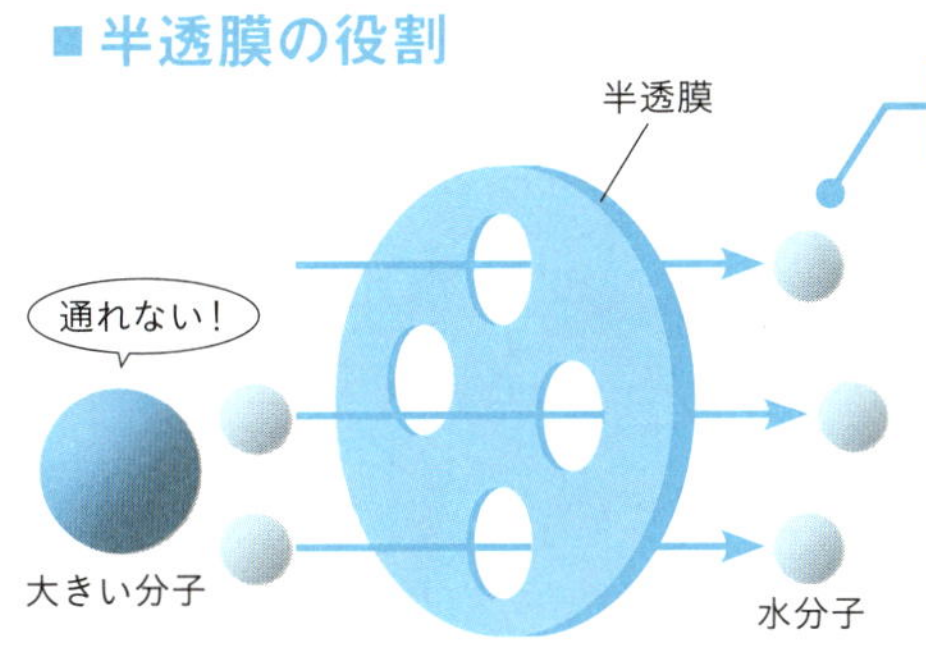

薄いほうから濃いほうへ水分子が移動

濃度の違う2種類の液体を半透膜を隔てて接触させた時、薄いほうから濃いほうへ水分子が移動する。

■ 浸透圧とは？

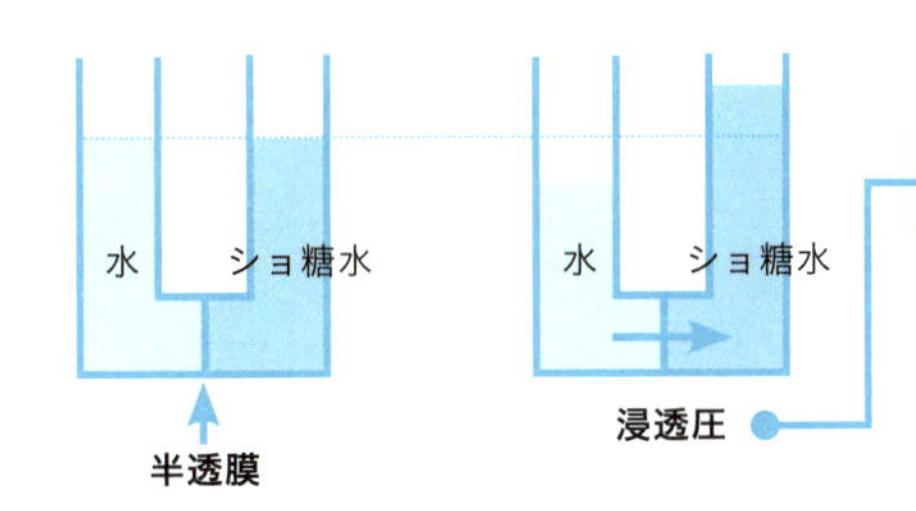

半透膜にかかる圧力を計算できる

片方を純水とした時、水溶液の体積 V、濃度 n、温度 T がわかれば、半透膜にかかる圧力 p が求められる。

もっと知りたい

第一回ノーベル化学賞

ヤコブス・ファント・ホッフは第一回ノーベル化学賞の受賞者です。彼は詩にも興味を持っていて、バイロンという詩人の詩から化学についてのインスピレーションを得ていたといわれています。

浄水器

半透膜の水溶液側に浸透圧よりも大きい圧力を加えると、水溶液側から純水のほうへ水分子が移動します。一部の浄水器にはこのしくみが応用されていて、水溶液側に水道水などを入れてろ過します。

化学 04

灰になると軽くなるのはなぜ？

質量保存の法則

原子・分子の考え方につながる近代科学のさきがけよ

化学的な変化の理由を追求

木が燃えると灰になります。この時、燃焼前の質量と比較してみると、灰のほうが少し軽くなっています。水分が蒸発したとも考えられますが、それだけではありません。木の中の炭素が燃焼によって酸素と結びつき、二酸化炭素として空気中へ飛んでいったのです。

原子・分子が発見される前、人々はこの変化について**フロギストン**（①）という物質を想定して納得していました。物質には目には見えないフロギストンが含まれていて、燃やすとそれが飛んでいくと考えたのです。一見もっともらしいですが、金属を燃やすと重さが増えます。こうした点から、フロギストンによる説明に納得しなかったのが**ラボアジエ**（②）です。彼は実験から**化学変化の前後で質量が変わらない**ことを見つけ、燃焼による重量変化の原因が「酸素」であることを発見したのです。

KEY WORD

① フロギストン

燃えやすい物質にはフロギストンという物質がたくさん含まれていると考えられていた。このような考え方をフロギストン説といい、フランス革命の頃まで信じられていた。

② アントワーヌ・ラボアジエ

「酸素」を命名したフランスの化学者。貴族の出身。税を市民から徴収する仕事もしていたため、フランス革命が起きると革命政府に捕らえられ、ギロチンで処刑された。

化学変化の前後で全体の質量は変化しない

■ 銅を燃焼させると?

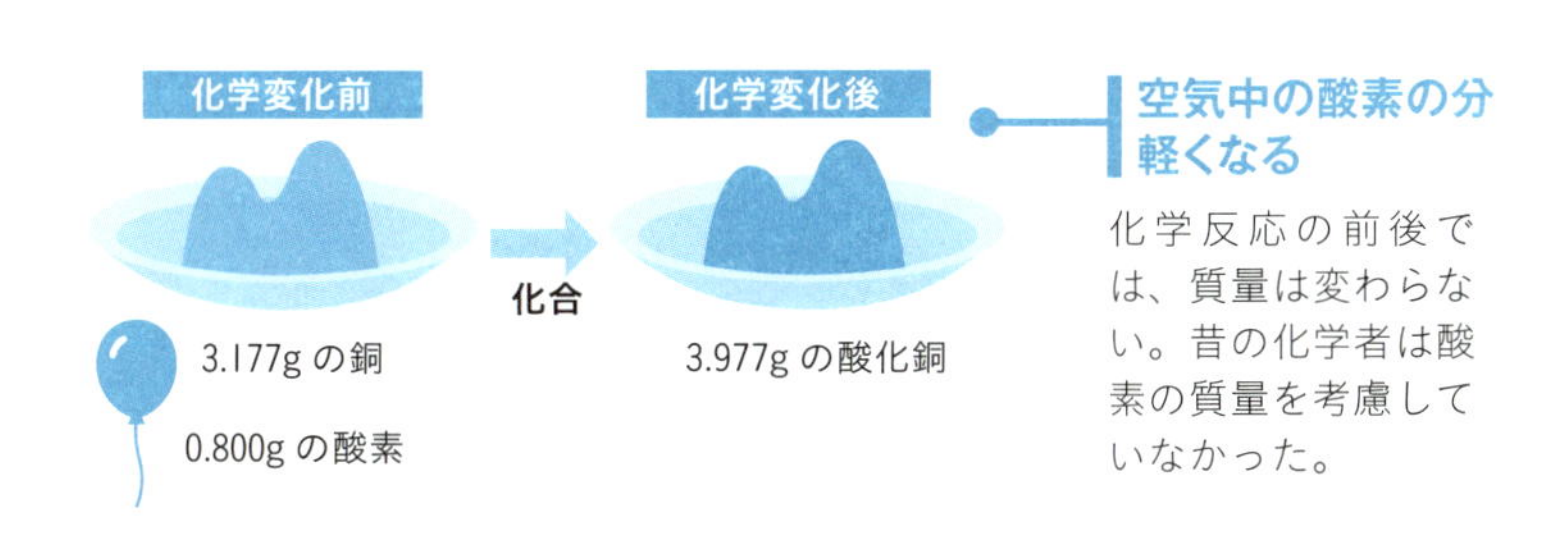

空気中の酸素の分軽くなる

化学反応の前後では、質量は変わらない。昔の化学者は酸素の質量を考慮していなかった。

■ ラボアジエ流の燃焼実験

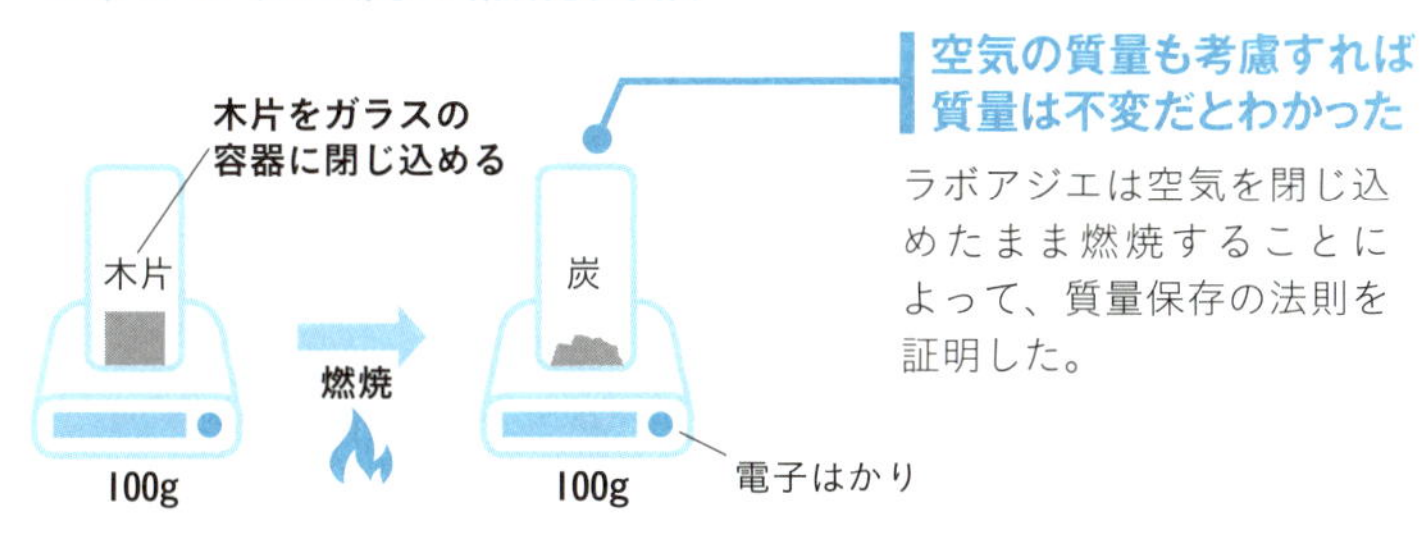

空気の質量も考慮すれば質量は不変だとわかった

ラボアジエは空気を閉じ込めたまま燃焼することによって、質量保存の法則を証明した。

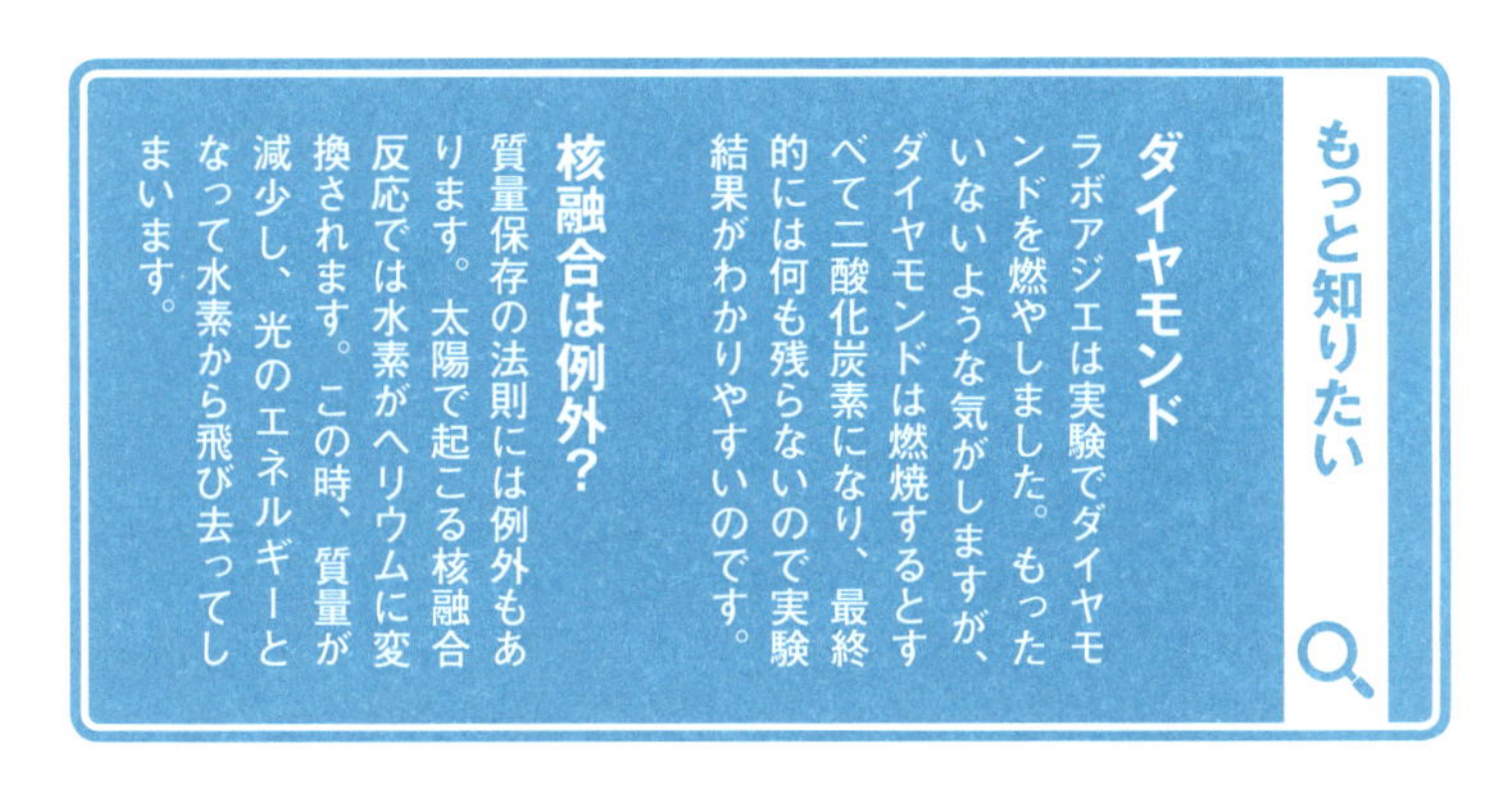

もっと知りたい

ダイヤモンド

ラボアジエは実験でダイヤモンドを燃やしました。もったいないような気がしますが、ダイヤモンドは燃焼するとすべて二酸化炭素になり、最終的には何も残らないので実験結果がわかりやすいのです。

核融合は例外?

質量保存の法則には例外もあります。太陽で起こる核融合反応では水素がヘリウムに変換されます。この時、質量が減少し、光のエネルギーとなって水素から飛び去ってしまいます。

化学 05

原子論のヒントとなった

定比例の法則と倍数比例の法則

質量保存の法則を元に化学反応の規則性を見つけたのね

どこで実験しても変わらない？

日本で実験しても、海外で実験しても化学反応の結果に変わりありません。**純度の高い**（①）マグネシウムを燃焼させると、マグネシウムの量に比例した量の酸素が化合します。いつ、どこで化学反応させても、決まった質量比で化学反応が起こるというのが**定比例の法則**です。改めて考えてみると不思議ですよね。

のちに「原子論」を発表するジョン・ドルトンは、この法則がマグネシウム原子1つと酸素原子が1つくっつく反応が起きているから、質量が定数倍になるのだと考えました。ドルトンはこの考え方を応用して、2種類以上の化合物について論じました。それが**倍数比例の法則**です。同じ素材からできる異なる化合物（一酸化炭素や二酸化炭素）は、その素材の**質量比**（②）が簡単な整数になるというものです。

KEY WORD

① 純度の高い

酸化物の混じった金属を燃焼させてしまうと定比例の法則は当てはまらない。定比例の法則を発見したプルーストは、試料を精製し正確な実験結果を得られるようになった。

② 質量比

化学が発展した現在では、化学反応を分子の数の変化で説明できる。しかし原子や分子の概念ができる前は、質量を測ることで化学反応の原理を解き明かしていった。

化学反応の素材となる物質の質量比は一定

■ 定比例の法則では？

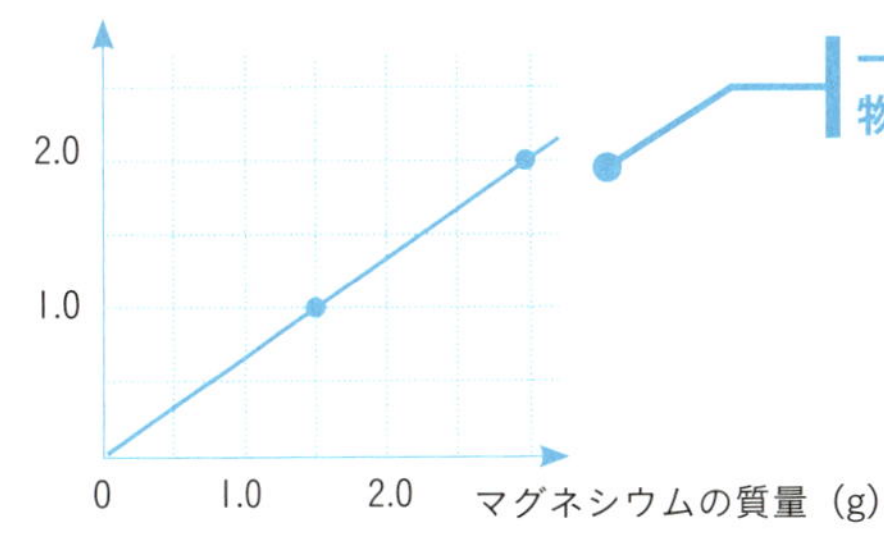

一定の割合で素材となった物質が含まれる

化学反応が起きて化合物ができる場合、その素材となった物質の質量比は常に一定である。

■ 倍数比例の法則では？

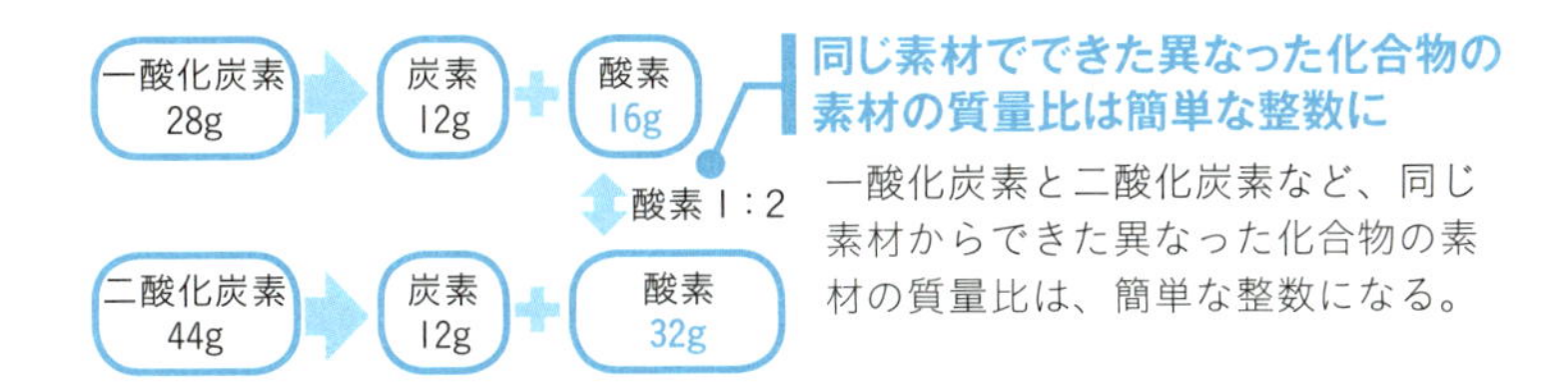

同じ素材でできた異なった化合物の素材の質量比は簡単な整数に

一酸化炭素と二酸化炭素など、同じ素材からできた異なった化合物の素材の質量比は、簡単な整数になる。

もっと知りたい

ベルトレーとの論争

定比例の法則を唱えたプルーストでしたが、化学界の権威・ベルトレーに否定されたため、その考えはすぐには受け入れられませんでした。彼は正確な実験により、何度も自説の正しさを証明しました。

ベルトライド化合物

すべての物質が定比例の法則に従うわけではありません。中には素材となる物質の割合が変化するものも。それを定比例の法則に反対したベルトレーの名前を取って、ベルトライド化合物と呼びます。

化学 06 すべては“つぶ”からできている

ドルトンの原子論

「質量保存の法則」「倍数比例の法則」を説明できる理論を打ち立てたのね

古典的な考えを科学的に証明

現代では当たり前となった「**原子**（①）」の考え方。それを実験を重ねた上で最初に発表したのが、倍数比例の法則（90ページ）を発表したドルトンでした。彼は「**原子論**」という考え方を用いれば、「質量保存の法則」「定比例の法則」「倍数比例の法則」をはじめとする化学反応の法則が簡単に説明できると提唱したのです。

「原子論」では、すべての物質は原子と呼ばれる小さい“**つぶ**（②）”からできていると考えます。炭素には炭素をつくる、酸素には酸素をつくる原子があるのですね。この考え方を使えば、つぶの数が変わらないので「質量保存の法則」が成立するし、化合物は一定比率でつぶがくっつくので「定比例の法則」「倍数比例の法則」が成り立ちます。原子という考え方は昔からあったのですが、それを実験で証明したのが彼のすごいところです。

KEY WORD

① 原子

「原子（アトム）」という言葉は、古代ギリシャのデモクリトスが生み出した。彼は原子論と同じような考え方を思いついていたが、実験に基づいておらず、観念的なものであった。

② つぶ

原子は物質を構成する最小の「つぶ＝粒子」だと考えられていた。しかし研究が進むにつれ、原子は原子核と電子からなるなど、さらに小さい粒子があることがわかった。

すべての物質は原子からできている

■ドルトンの元素記号

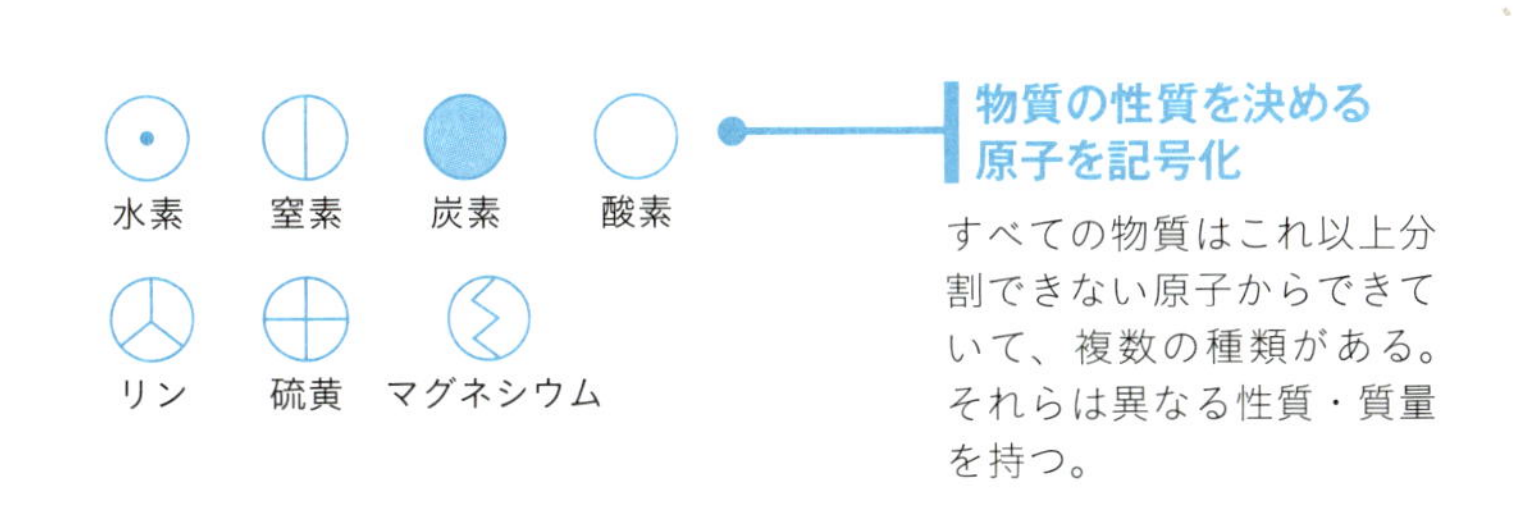

物質の性質を決める原子を記号化

すべての物質はこれ以上分割できない原子からできていて、複数の種類がある。それらは異なる性質・質量を持つ。

■原子論の利点とは?

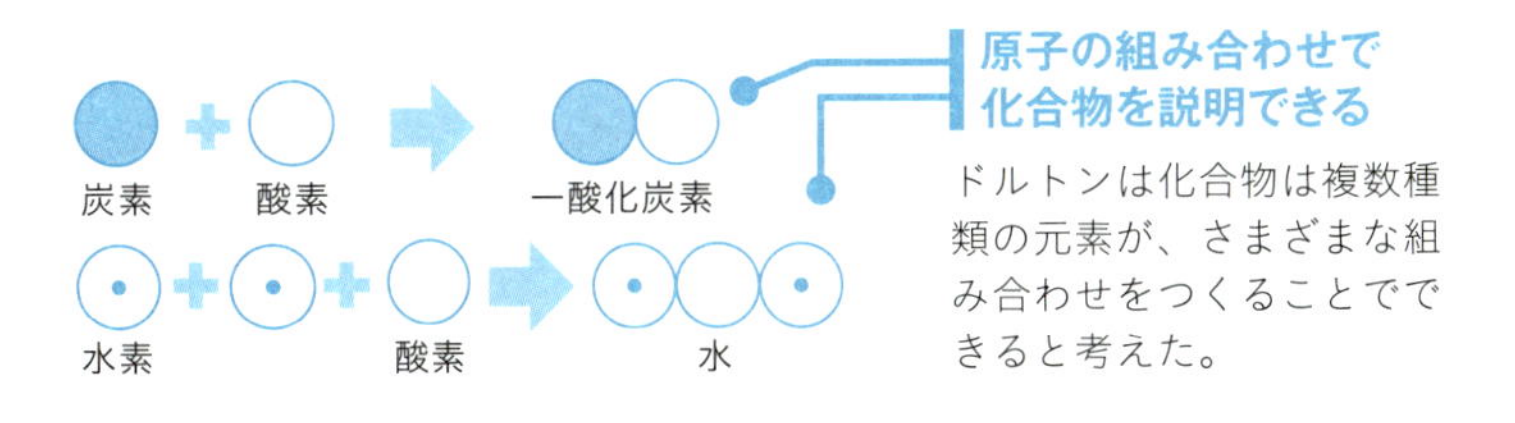

原子の組み合わせで化合物を説明できる

ドルトンは化合物は複数種類の元素が、さまざまな組み合わせをつくることでできると考えた。

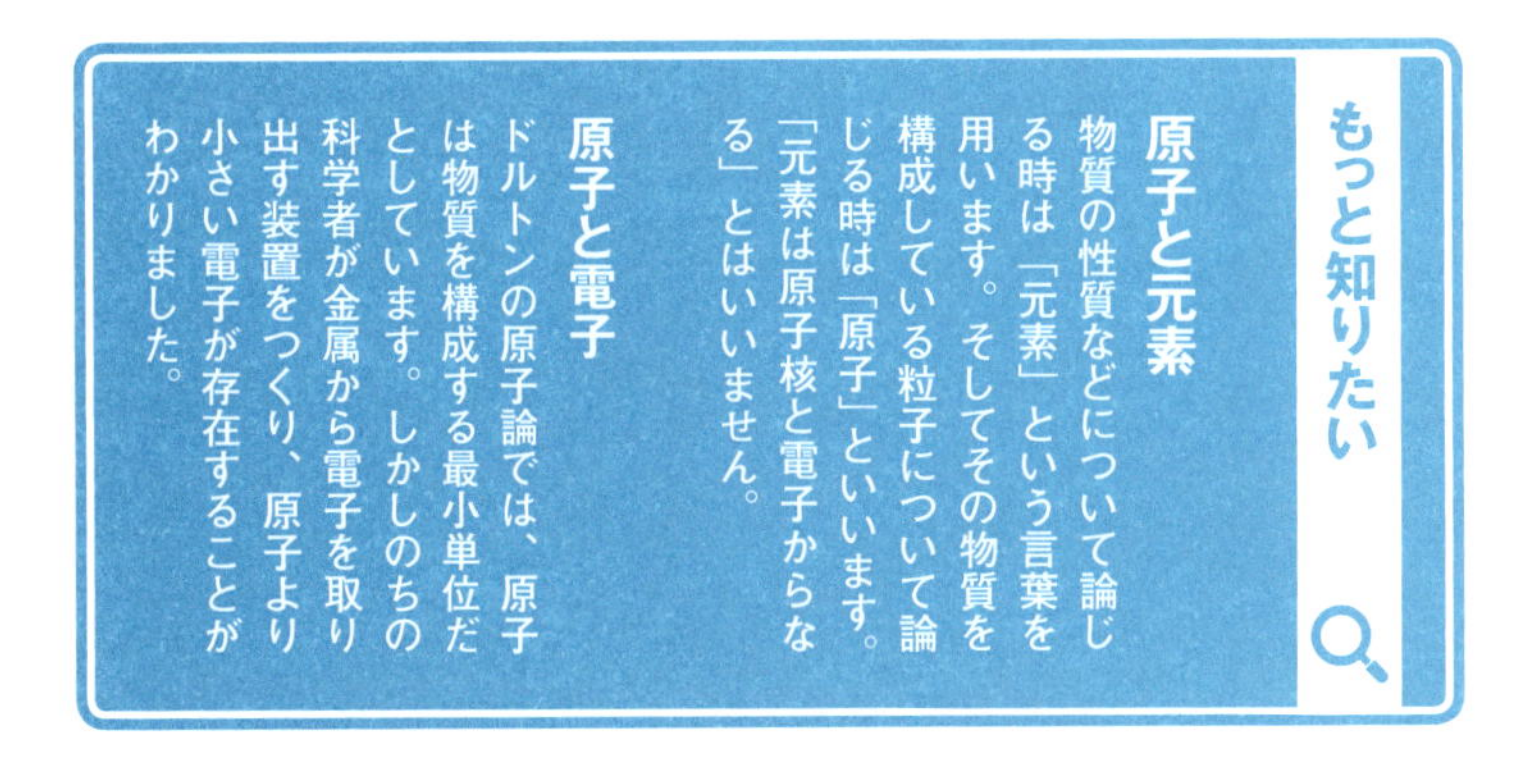

もっと知りたい

原子と元素

物質の性質などについて論じる時は「元素」という言葉を用います。そしてその物質を構成している粒子について論じる時は「原子」といいます。「元素は原子核と電子からなる」とはいいません。

原子と電子

ドルトンの原子論では、原子は物質を構成する最小単位だとしています。しかしのちの科学者が金属から電子を取り出す装置をつくり、原子より小さい電子が存在することがわかりました。

化学 07

原子論を打ち砕く?

気体反応の法則

分子を考えないと説明できない化学反応の法則ね

分子の理解へとつながる

ドルトンの原子論発表から2年ほど後の1805年、フランスの**ゲイ=リュサック**（①）は、2種類以上の気体が反応する時、同じ圧力、同じ温度の元であれば、反応する気体の体積と生成される気体の体積には簡単な整数比が成り立つという法則を発見しました。これが1808年に発表された「**気体反応の法則**」です。実際に、水素と酸素が反応して水（気体なので水蒸気）ができる場合、水素：酸素：水蒸気の比率は2：1：2という簡単な整数比になります。

原子論は、**ドルトンが発表した最初の説の形式では、気体反応の法則を説明できません。**そのためドルトンはこの法則に反対しました。この法則は酸素の気体が、酸素原子が2個ついた**酸素分子**（②）からできていると考えることで説明できるのです。

KEY WORD

① ジョセフ・ルイ・ゲイ=リュサック

フランスの化学・物理学者で、ほかにも独自にシャルルの法則を発見、発表した。その他にも大気の温度、湿度と気圧の関係など、多くの研究を行った。

② 酸素分子

複数の原子によって構成される、物質の最小単位。ドルトンは最初、酸素は酸素原子1つ、水は酸素と水素の原子が1つずつで構成されていると考えた。

水素2 + 酸素1 =水（水蒸気）2
※体積の大きさについて

■水素と酸素を反応させると……

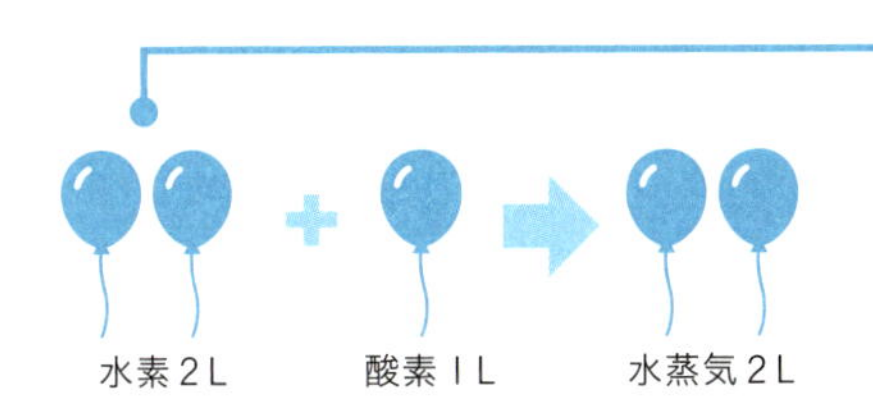

気体の体積が整数比になる

気体が反応しても気体中の原子数は一定のため、その体積は元の気体の整数倍（もしくは整数分の１）になるので、この法則が成立する。

■ドルトンの仮説との矛盾

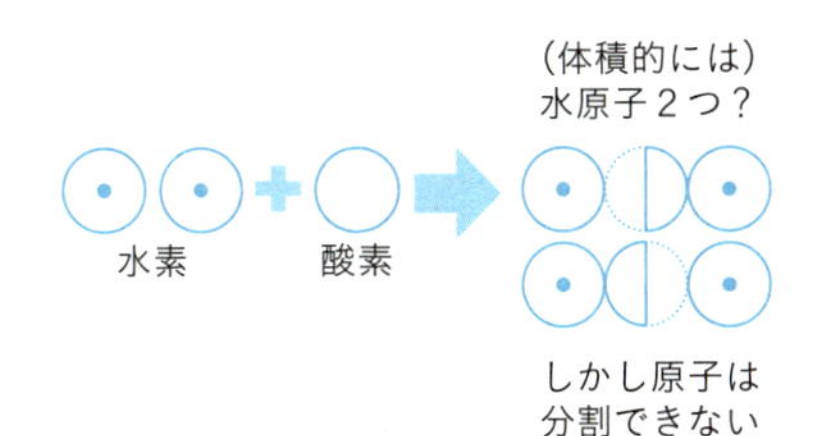

単独原子の集まりと考えると説明できない

気体反応の法則によると、水の反応の例では１つの酸素が２つに分割されてしまうことになる。これは酸素の気体が、単独の酸素原子の集まりだという仮説と矛盾する。

もっと知りたい

エネルギー一元論

エネルギーを中心に自然科学を説明するのがエネルギー一元論。中心となったオズワルドは後にノーベル化学賞を受賞するほどの科学者であったが、原子の存在をなかなか認めようとはしなかった。

分子の存在を示唆

スウェーデンの化学者ベルセリウスはこの気体反応の法則を元に、気体の体積比は各化合物の粒子の比と対応していることや、原子量を推定。この考えが後にアボガドロの分子説へとつながった。

化学 08

物理や化学の法則が成り立つための重要な数

アボガドロの法則（アボガドロ数）

化学反応の最小単位を分子と考えればうまく説明できるのね！

↓原子論の困難を解決！

化学反応を見事に説明したかに思えたドルトンの原子論ですが、思わぬ落とし穴がありました。ドルトンの当初の理論ではゲイ=リュサックの気体反応の法則を説明できなかったのです。この矛盾を解決したのがアボガドロです。アボガドロは、実際の気体は複数の原子からなる「**分子**（①）」で存在し、**分子が気体の性質を決める基本単位であるという説を発表しました**。この理論に基づくと「水素2：酸素1から水蒸気2が得られる」時の反応が矛盾なく説明できたのです。

アボガドロは、「温度、圧力、体積が同じであれば、気体の種類にかかわらず同じ数の分子を含む」ということも主張しています。そして現在では、12gの**炭素12原子**（②）に含まれている原子の数を**アボガドロ数**と定義し、物質の分子数を数える基準にしています。

KEY WORD

① 分子

物質が通常は分子の状態で存在するという考え方はアボガドロの発表当時は学会に受け入れられず、その価値が再認識されたのは発表から半世紀も経過してからだった。

② 炭素12原子

同じ炭素原子でも、原子核内の陽子や中性子の数に違いがある場合がある。炭素原子の中で大多数を占めるのが、陽子と中性子の合計が12の炭素12原子である。

物質の性質を決める基本単位は分子 温度、圧力、体積が同じであれば、気体の分子数は同じ

■原子説と分子説

・原子説の場合

・分子説の場合

物質は分子からなる

分子説では、物質は2つ以上の原子がくっついてできた分子からなると考えられた。

■分子説の利点とは？

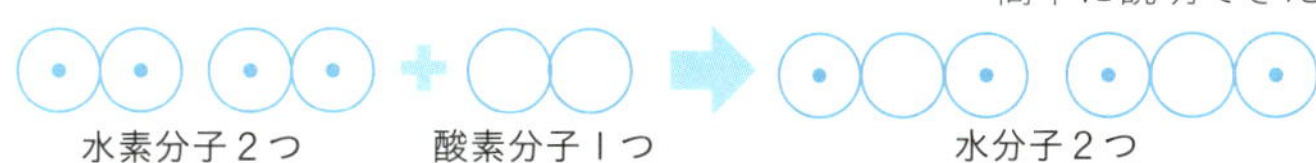

気体反応の法則が説明できる

物質が分子から構成されていると考えた場合、気体反応の法則が簡単に説明できた。

もっと知りたい

原子量

炭素12原子の質量を12として、それを基準に原子の質量を比で表します。炭素12原子の質量の1／12単位で表した質量を原子量といい、1モルの原子の質量は原子量（g）となります。

分子を認めない人物

原子論を発表したドルトンは、アボガドロの分子説、ひいては気体反応の法則を認めようとしませんでした。アボガドロの主張はその正しさが認められるまでに、50年ほどかかったといいます。

化学 09

1つの物質が2つ以上に変化

物質の分解の法則

物質が異なる2つ以上の物質に変化することを分解というわ

分子の世界で起きる変化

1つの物質が2種類以上の物質に分かれる化学変化を**分解**といいますが、この化学変化には分子の存在が大きく関わっています。中学校での科学実験の定番ともいえる水の**電気分解**（①）で考えてみましょう。水に電流を流すと、水分子が分解され水素原子2つが水素分子に、酸素原子2つが酸素分子へと変化します。

またこの時、水分子に含まれるのは水素原子が2つ、酸素原子が1つなので、酸素分子1つに対して水分子が2つ必要になります。そのため、発生する気体の体積比は水素：酸素＝2：1となります。

気体以外でも同様に、酸化銀に熱を加えることで、2つの酸化銀が銀4つと酸素分子1つに**還元**（②）されます。分子説によってこのような化学変化が容易に説明できるようになったのです。

KEY WORD

① 電気分解

水の電気分解では陰極に引かれた水素イオンが電子を受け取ることで水素に、陽極に引かれた水酸化物イオンが電子を渡すことで水と酸素に変化する。

② 還元

一般的に酸化物が酸素と分離する分解のことを還元という。文中の酸化銀の場合、280℃以上の温度に加熱することで還元反応が起き、銀を取り出すことができる。

物質の分解とは1つの物質が2種類以上の別の物質になること

■ 分解における化学反応

水を電気分解すると……　水を電気分解することで、水分子が水素分子とその半分の酸素分子に分かれる。

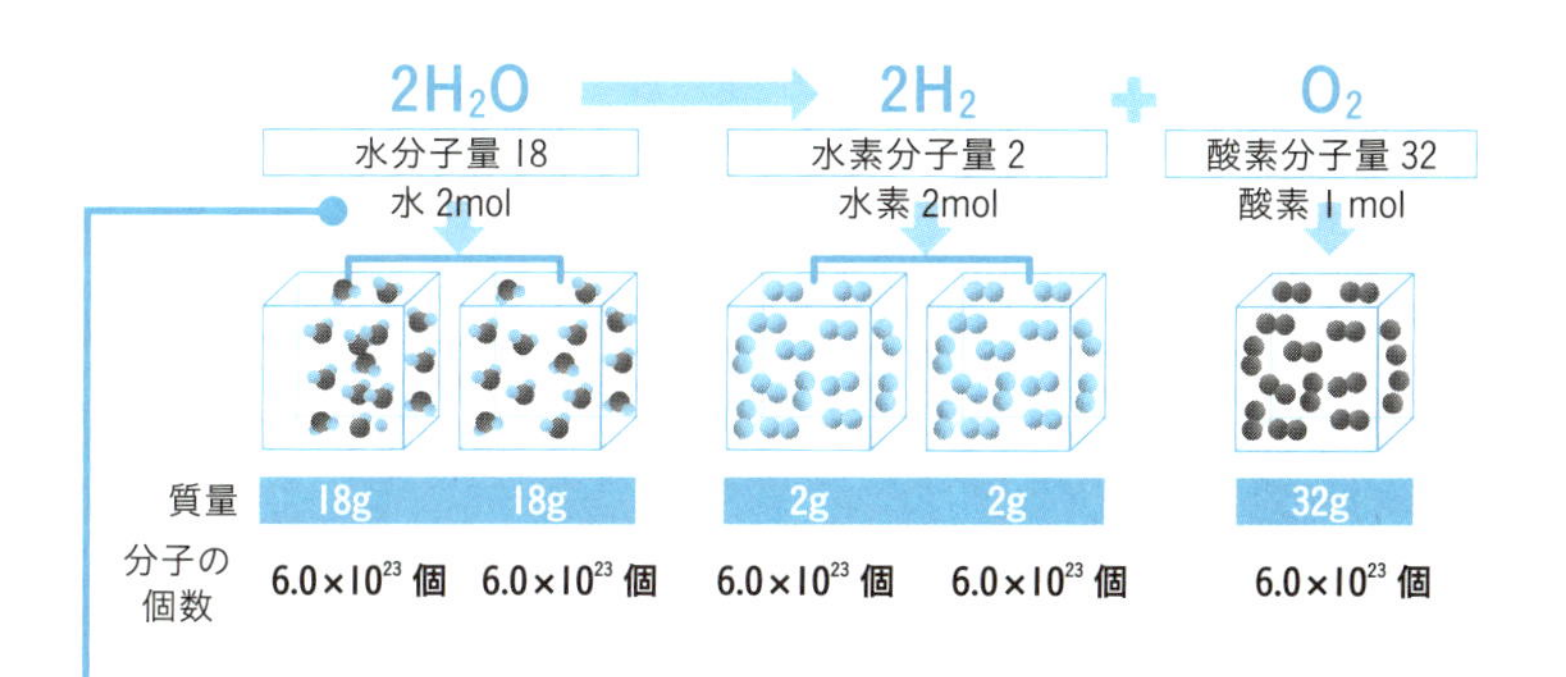

モル単位で見ると質量がわかる

水分子２つから水素分子２つと酸素分子１つができることから、水分子２モルからは、水素分子２モルと酸素分子１モルができることがわかる。各分子の１モルあたりの重さから質量がわかる。

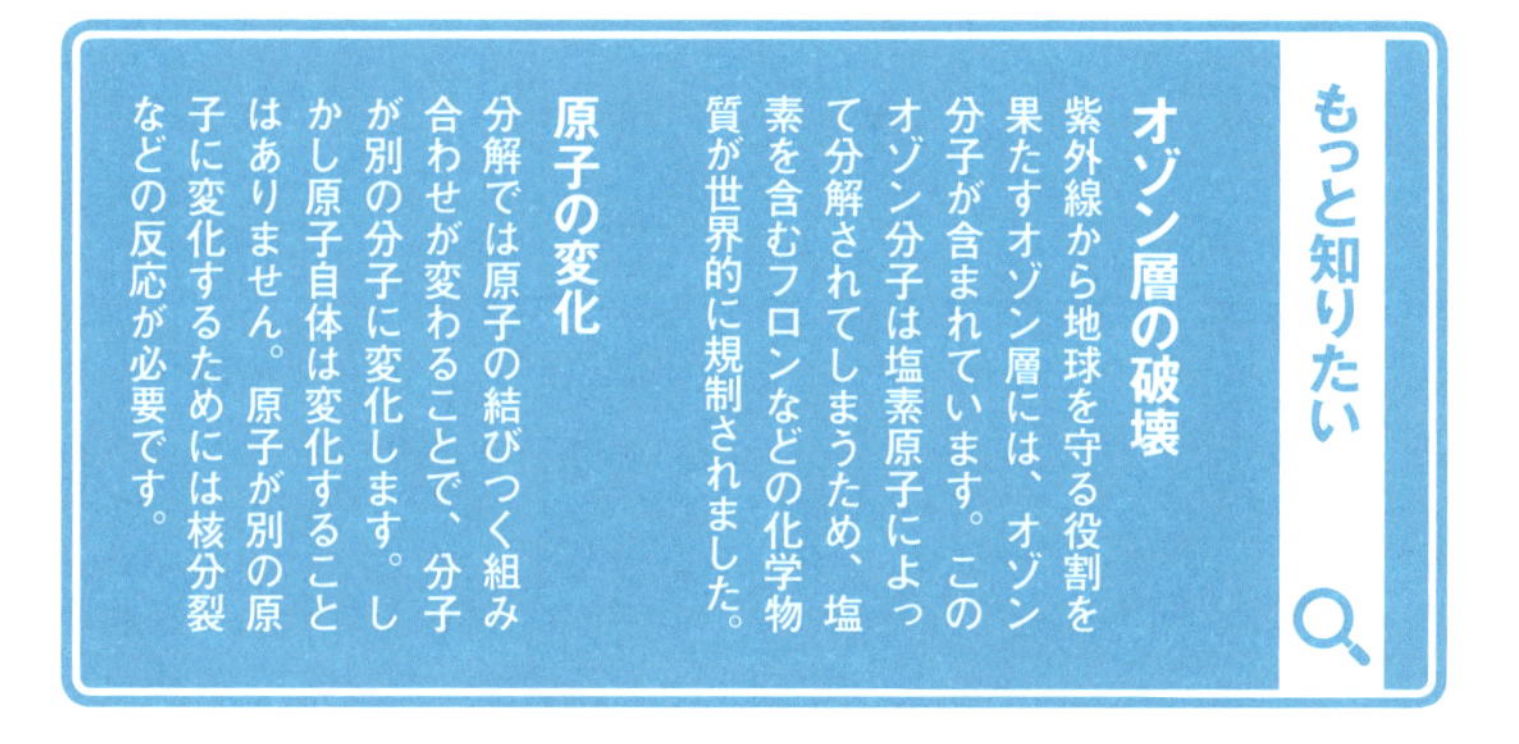

もっと知りたい
オゾン層の破壊
紫外線から地球を守る役割を果たすオゾン層には、オゾン分子が含まれています。このオゾン分子は塩素原子によって分解されてしまうため、塩素を含むフロンなどの化学物質が世界的に規制されました。
原子の変化
分解では原子の結びつく組み合わせが変わることで、分子が別の分子に変化します。しかし原子自体は変化することはありません。原子が別の原子に変化するためには核分裂などの反応が必要です。

化学 10 身近にある化学反応

物質の化合の法則

複数の物質から新たな物質が生まれることを化合といいます

自然でも起きる物質の化合

　分解とは逆に、2種類以上の物質が結びついて別の物質ができる化学変化を**化合**といいます。前ページで説明した水でいえば、水素と酸素の混合気体に火をつけると炎を上げて反応し水が発生します。電気分解の時と逆の反応ですから、この時、水になるために必要な気体の体積は、水素2に対して酸素1です。化合にはこのように、加熱など外部から何らかのきっかけを与えられることで反応するものが多いですが、鉄のサビのように自然に発生する化合もあります。

　鉄が錆びるというのは、鉄と酸素が化合して**酸化鉄**①（赤サビの場合）になる反応です。**酸化**②は我々にとって最も身近な化合の例です。このように、我々の周りの物質は分解と化合により、さまざまな姿に形を変えているのです。

KEY WORD

① 酸化鉄

鉄と酸素の化合物で、磁石につかないなど、鉄とは異なる性質を示す（ただし組成により強い磁性を持つ酸化鉄もある）。酸化鉄は化粧品の顔料にも使われる。

② 酸化

紙や木が燃えるのも酸化の一種だが、この場合、炭水化物が酸素と反応して水と二酸化炭素に変化しており、化合と分解の2つの化学反応が起きている。

2つ以上の物質が合わさることで別の物質へと変化すること

■化合の種類

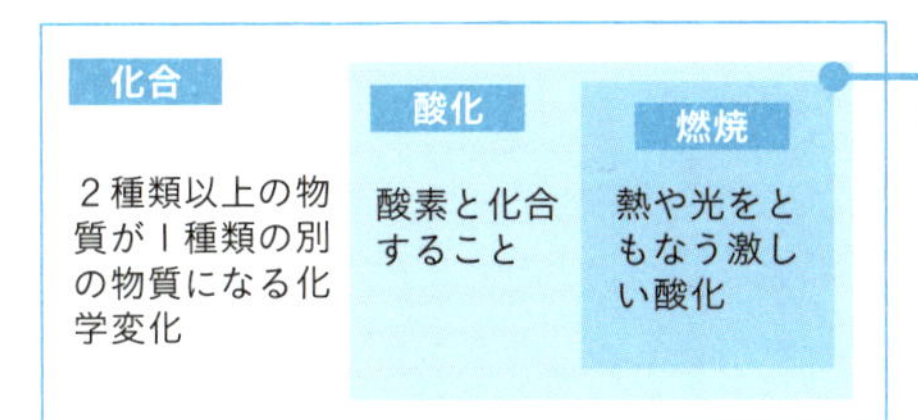

化合
2種類以上の物質が1種類の別の物質になる化学変化
酸化
酸素と化合すること
燃焼
熱や光をともなう激しい酸化

酸化や燃焼は化合の一種

酸素と結びついて別の物質に変わる酸化は、化合の一種。そのうち激しく酸化し発火現象をともなうのが燃焼である。

■銀の硫化

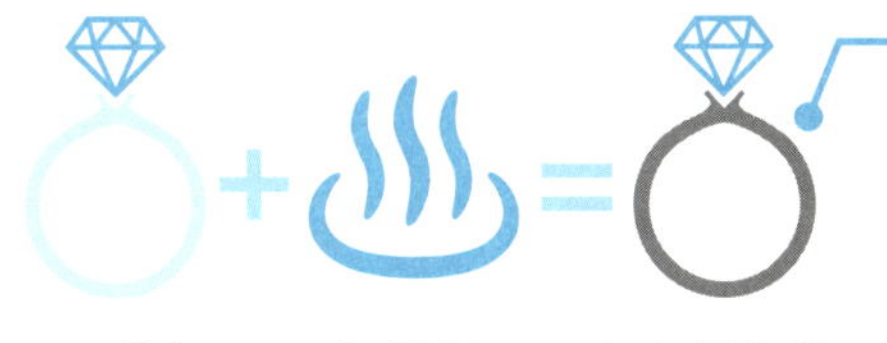

硫黄泉に入ると銀の指輪が黒くなる

硫黄を多く含む温泉に銀の指輪をしたまま入ると、指輪が黒くなる。銀が硫化という反応を起こし、硫化銀になったためである。

もっと知りたい

ゆで卵の変色

鉄と硫黄を加熱すると光と熱を出しながら激しく反応し、硫化鉄に化合します。ゆで卵の黄身と白身の境目にできる緑色の物質も実は化合でできる硫化鉄です。卵白の中のシスチンやメチオニンに含まれる硫黄分が加熱によって分解されて硫化水素となり、卵黄中の鉄分と反応して硫化鉄となります。卵が腐った時の臭いはこの硫化水素の臭いで、温泉地や火山の周辺に漂っている臭いが「卵の腐った臭い」といわれるのは、卵に含まれると同じ硫化水素だからなのです。

化学 11

原子の正体を解き明かす!

ボーアの原子モデル

未知だった原子の構造をある程度明らかにしたのね

原子の正体は原子核と電子

原子がどのような姿をしているのかという問題は、19世紀に原子の存在が明らかになって以降、多くの研究者が解き明かそうとしてきました。トムソンやラザフォードなどがモデルをつくってきましたが、いずれも原子を正確に再現できませんでした。**核の周りに電子が安定して存在できる理由がわからなかったのです。**

デンマークの物理学者**ボーア**(①)は、1913年に**ボーアモデル**と呼ばれる原子モデルを発表しました。このモデルの特徴は、「核の周りに電子が存在する」、「電子は決まった軌道で核の周りを回転している」などです。また、電子が軌道を遷移する際に光を発したり吸収することも示しました。この原子モデルなどが契機となり、原子の世界の研究は進み、**量子力学**(②)へとつながりました。

KEY WORD

① ニールス・ボーア

デンマークの理論物理学者。コペンハーゲン大学で物理学研究を行い、コペンハーゲン学派をつくった。1922年にはノーベル物理学賞を受賞した。

② 量子力学

分子や原子、電子や陽子、中性子といったミクロな物理現象を扱う分野。ボーア、シュレディンガー、ハイゼンベルク、ディラックなどが創始に貢献した。

電子は原子核をめぐる どんな軌道でもとれるわけではない

■ ボーアモデルによる原子

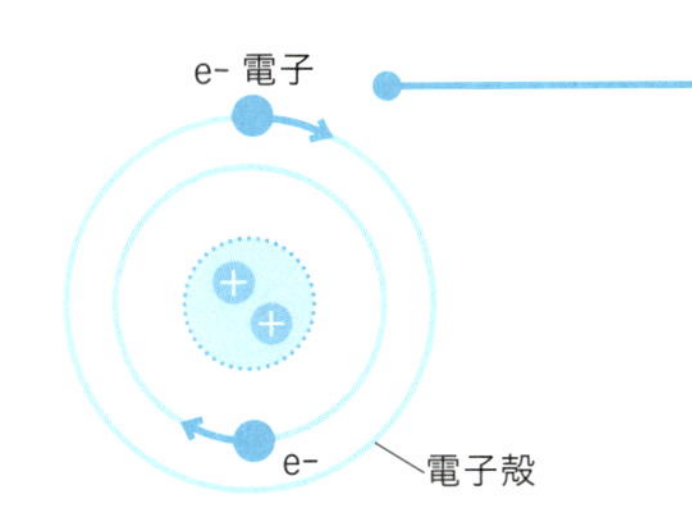

核の周りを電子がまわっている

原子は中心にほとんどの質量が集中した原子核を持ち、その周りを電子がまわっている。電子のとりうる軌道は決まっている。

■ ボーア以降の原子モデル

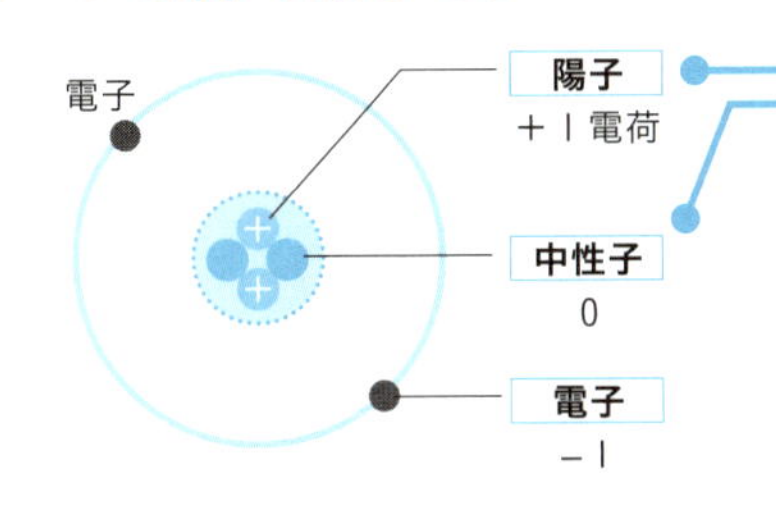

原子核内には陽子と中性子がある

1932年には原子核には正の電荷を持つ陽子と電荷を持たない中性子があることが判明した。電子は陽子に対応し、負の電荷を持つ。

もっと知りたい

シュレディンガー方程式

量子力学の基本となる方程式。これによりボーアのモデルよりもさらに詳細な電子の軌道が描き出されました。原子にこの方程式を適用すると、電子の軌道を求めることができます。

電子は確率的に分布

電子は決まった場所ではなく、複数の軌道に確率的に分布していることがわかりました。また、陽子と中性子がクオークというさらに小さい粒子からできていることも判明しています。

化学 12 周期表の並び順には理由がある

元素周期の法則

カードを並べていて
周期表を思いついたのよ

元素の性質を表す重要な法則

現在の周期表はドミトリ・メンデレーエフが作成したものから始まりました。メンデレーエフは当時知られていた63種類の元素を原子量（96ページ）の順番に並べた時に、性質の似た元素が周期的に出現することに気づきました。そこで原子量の順に並べつつも、**似た性質を持つ元素が一列に並ぶように縦横の順番を工夫しました。**この並べ方は、元素を記したカードを並べていて思いついたそうです。並べた時に当てはまる元素がない場合は空欄にしていましたが、のちに発見された元素が空欄の位置に当てはまる原子量と性質を持っていたため、**メンデレーエフの周期表**の正確さが立証されました。

なお現在の周期表は原子番号（含まれる陽子の数）の順に並べつつ、**アルカリ金属**（①）や**希ガス**（②）などの性質の似た元素が縦に並ぶように配置されています。

KEY WORD

① アルカリ金属

周期表の一番左端の縦列の元素（水素を除く）。リチウム、ナトリウムなどが並んでいる。水や酸素と反応しやすく、カッターで切れるくらいに柔らかい、などの特徴がある。

② 希ガス

ヘリウム、ネオン、アルゴン、クリプトンなど周期表の一番右側の縦列の元素のこと。存在量が少ないことから rare（珍しい）gas = 希ガスと命名された。

原子番号の順に並べると、元素の性質は一定の周期で変化する

■ 現在の周期表

周期	族 1	2	13	14	15	16	17	18
1	H							He
2	Li	Be	B	C	N	O	F	Ne
3	Na	Mg	Al	Si	P	S	Cl	Ar
4	K	Ca						

縦の列は同じ性質を持つ

周期表の中で縦に並んだ元素は同じような性質を持つ。縦のラインを族と呼び、一番左側の族を第一族という。

■ 第一族の電子配置

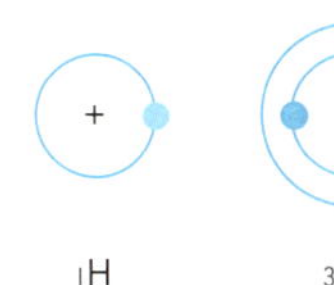

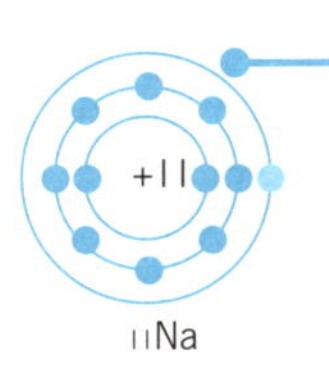

${}_{1}H$　${}_{3}Li$　${}_{11}Na$

元素の性質は一番外側の電子数が影響する

同じ族の原子は一番外側の電子の状態に共通点があり、それが同じ化学的性質を持つ理由になっている。

もっと知りたい

ネオン管

ネオン管は屋外広告や看板に使う電飾管ですが、希ガスに電圧をかけると発光する現象を応用しています。最初の製品はネオンを用いたのでガスの種類によらずネオン管と呼ばれます。

立体周期表

原子番号が1つ違いの第一族と第18族が離れているなど、元素の性質や規則性は、一般的な周期表では表しきれません。この問題を改善すべく、らせん状の立体的な周期表が考案されています。

化学 13

周期表の矛盾を解決した

モーズリーの法則

周期表は元素の重さじゃなくて原子番号で並べるのが正解なのね

原子番号に関する新発見

メンデレーエフの周期表は元素の特徴が原子量に関連している可能性を示しましたが、原子量通りに並べると規則性が成立しませんでした。ヨウ素とテルルは原子量通りに並べると矛盾が出るのです。

ヘンリー・モーズリーは「物質が発する**特性X線**（①）の波長の平方根」で1を割った値が、その物質の原子核が持つ電気の量に比例することに気づきました。**この法則から物質の原子番号（②）を正しく決められるようになります。**正しい原子番号に基づいてメンデレーエフの周期表を並べなおすと原子量で並べた時の矛盾がなくなったのです。また、この新しい並び順から未発見と思われる元素が予測され、のちの発見につながりました。

そしてこの法則を使うことで、新しく発見された元素の原子番号を知ることもできるようになったのです。

KEY WORD

① 特性X線

真空管の陽極にセットした元素に陰極から発生する電子を当てると、その元素に特有の波長を持つX線が出る。これを特性X線といい、原子番号の特定に役立つ。

② 原子番号

元素の原子核にある陽子の数（＝電子数）を表した数。すべての元素はそれぞれの元素に固有の陽子数を持っており、陽子数が同じだけど違う物質というものはない。

元素が出す特性X線の波長は、原子の原子番号と関係がある

■ X線発生管

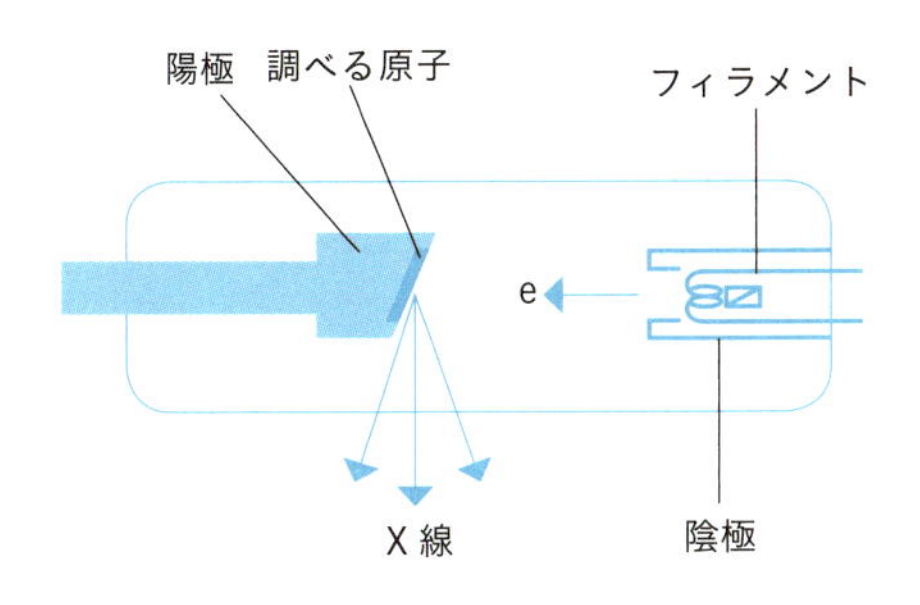

特性X線は電子の入れ替わりで出る

陰極からの電子が衝突することによって、原子核の周囲の電子がはじき出されたのち、別の電子がそこに移動する時のエネルギーの差が特性X線をつくる。

■ モーズリーの法則の公式

$$\frac{1}{\sqrt{\lambda}} = a(Z-b)$$

原子番号が特性X線の波長からわかる

特性X線の波長を λ とすると、原子番号 Z は左記の式で求められる。a と b は波長の特徴ごとに異なる定数である。

もっと知りたい

ニホニウム

2016年、理化学研究所が発見した第113番元素がニホニウムと命名されました。ニホニウムは自然界に存在せず、ビスマスという元素に亜鉛を高速でぶつけて合成されたものです。

人工元素は壊れやすい

ニホニウムのような人工元素は、不安定なため短時間で壊れてしまいます寿命が極度に短くて特性X線が測定できない原子は、壊れる時の現象から間接的に元素の合成を証明します。

化学 14

弱まるペースは決まっている?

放射能の半減期の法則

発せられる放射線量の減り方には規則性があるわ

原子核が壊れると……?

原子力発電所の事故などで話題になった**放射線**(①)の正体は、強いエネルギーを持った電磁波や高速で飛ぶ粒子です。そして放射線を発する物質のことを放射性物質といいますが、それは自然界にも存在しています。

では、どのようなしくみで放射性物質から放射線が出るのでしょうか? ミクロな視点から見てみると、放射線は放射性物質を構成する原子の核から飛び出しているのです。

そして放射性物質の**放射能**(②)は、時間がたてばたつほど少なくなるという特徴があります。放射線を出す種類の原子核は、放射線を出すことによって壊れ、放射線を出す原子核がだんだんと減っていくためです。この放射能の減り方は放射性物質によって違い、放射線の量が半分になるまでの時間を**半減期**と呼びます。

KEY WORD

① **放射線**

原子核から発せられるもの以外にも、宇宙からやってくる宇宙線、X線発生装置でつくり出されたX線などがある。X線などはレントゲン撮影に使われる。

② **放射能**

放射性物質が放射線を出す能力のことを、放射能という。放射能は単位時間あたりに生じる放射線の数で測られる。放射能はベクレルという単位で表される。

放射能が半分になるまでの時間を半減期という

■ 放射性物質の原子核

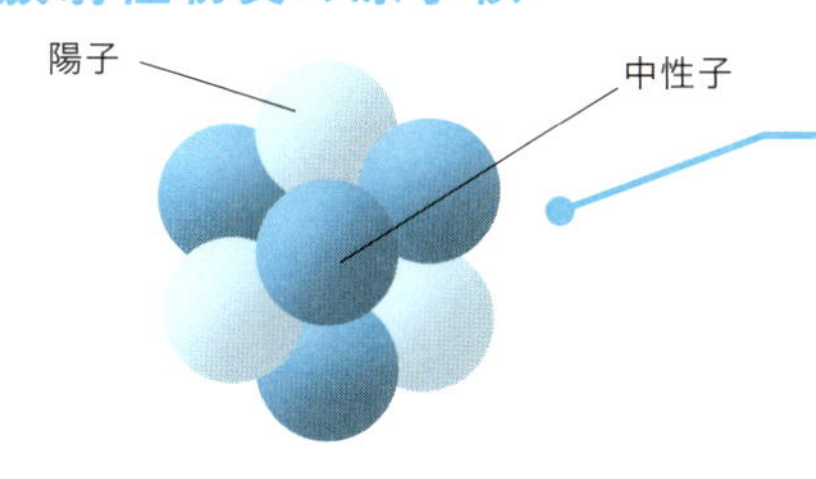

原子核から物質が飛び出す

原子の中心には原子核があり、陽子と中性子で構成されている。原子核が壊れる際に粒子や電磁波が飛び出し、これが放射線となる。

■ 半減期のグラフ

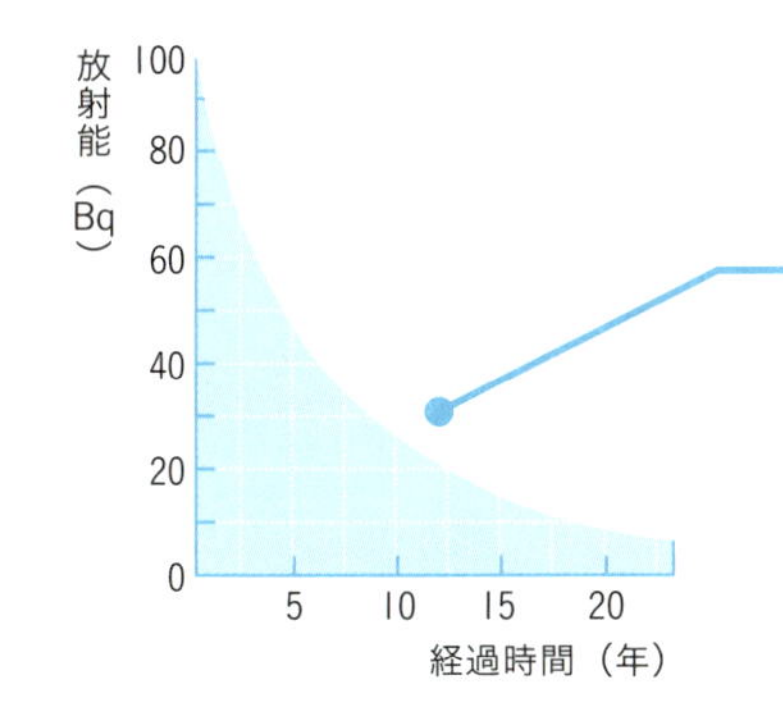

発する放射線の量の減り方に規則性がある

放射性物質が単位時間に出す放射線は、ある一定の期間ごとに半分になっていく（図では5年）。

もっと知りたい

炭素の年代測定

生物には放射性炭素が一定の割合で取り込まれます。そのため半減期を用いて、死体や組織に残った放射性炭素の量から、いつまでその生物が生きていたかを推測することができるのです。

核変換

原子力発電では放射線を発するゴミが出ます。中性子をぶつけることでこのゴミの原子核の種類を変えて、放射能を出させなくするという試みがあり、この技術のことを核変換といいます。

化学 15

ウランが放射線を出すしくみ

α崩壊

α崩壊が起きて原子核に変化が起こりα線が発生するのね

異なる原子核へと変化する

原子核から物質が放出されると放射線が出る（108ページ）ことは説明しました。実は、原子核の物質の放出のされ方にはさまざまな種類があり、それにより発せられる放射線が変わってくるのです。ここではそのうちの1つである、「α崩壊」という放射線の発生の仕方を紹介します。

α崩壊では放射性物質から、陽子2つと中性子2つからなる塊のα粒子（**ヘリウム4**・①）が放出されます。そしてα粒子が放出されることで生まれる放射線のことを**α線**（②）といいます。α線は他の放射線と比べてぶつかった原子を電離（114ページ）させる力が強いのが特徴です。α崩壊が起きた放射性元素は原子核から陽子が2つ減ったので、原子番号が2つ小さくなりまったく別の原子になります。

KEY WORD

① ヘリウム4

陽子2つと中性子2つからなるヘリウムで、地球上に存在するヘリウムのうち最も割合が多い。α粒子は電子を持たない帯電したヘリウム4のこと。

② α線

高速で移動するα粒子のこと。＋2の電荷をおびている。α線は光速の数％という速さで放出されるが、透過力は強くなく紙などの薄い物質も通過できない。

原子核がα崩壊を起こしてα線を発する

■ α崩壊した原子

α崩壊

α粒子＝ $^{4}He^{+}$

原子核からα粒子が放出

陽子と中性子から構成される原子核から、陽子と中性子2つずつからなるα粒子が放出される。

原子番号は2減り、質量数は4減る

■ ウランがα崩壊すると

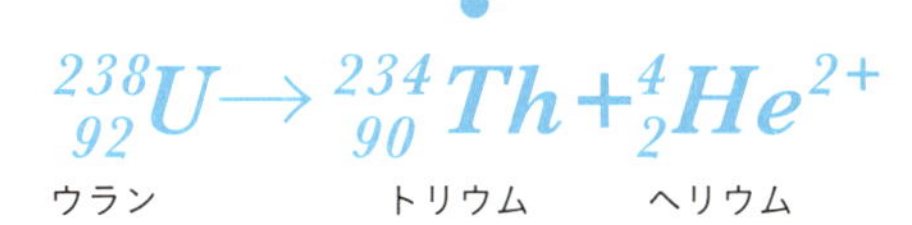

$$^{238}_{92}U \longrightarrow {}^{234}_{90}Th + {}^{4}_{2}He^{2+}$$

崩壊後、別の原子に変換される

陽子が2つずつ減ったため、別の原子になる。そしてα粒子は周囲から電子を奪いヘリウムになる。

もっと知りたい

内部被曝とα線

体内に放射性物質を取り込み、そこから出る放射線にさらされることを内部被曝といいます。α線は周囲の原子から電子を奪う力が強く、人体へ与える影響が大きいので注意が必要です。

α線とがん治療

α線は内部被曝の原因になりますが、それをがん細胞に積極的に行えれば、逆に治療方法となりえます。効果的な治療のため、がんに蓄積しやすい物質にα線源を組み込む薬剤が研究されています。

化学 16

中性子が陽子と電子に変わる

β崩壊

β崩壊が起きても電子は軽いからほとんど質量は変わらないのね

陽子の数が増える

β（ベータ）崩壊は原子核がβ粒子を放出する現象です。高速で飛ぶβ粒子を**β線**（①）と呼びます。α粒子は帯電したヘリウムでしたが、β粒子の正体は電子です。電子の放出というと電離（114ページ）のようですが、β崩壊の場合は原子核から電子が飛び出してくるのです。原子核には電子はなかったはずですが、その電子はどこからやってくるのでしょうか？

答えは「中性子が陽子と電子に変化してできる」です。原子核中に中性子が多すぎると、中性子は陽子に変わる傾向があります。中性子が陽子に変わる時に一緒に電子も発生するのです。ちなみに、この時**ニュートリノ**（②）も発生します。陽子が1つ増えて違う原子に変化しますが、出ていった電子とニュートリノの質量は小さいので質量はほとんど変わりません。

KEY WORD

① β線

β線は高速移動しているβ粒子で、α線よりも速度が大きく、電荷が小さいため透過力が強い。物質内に入ると原子から電子を弾き飛ばすなどの影響を与える。

② ニュートリノ

宇宙で最も豊富な素粒子の1つ。人体を1秒間に約1兆個も突き抜けていくほど多い。検出が難しく未知の素粒子とされ、電荷が中立（ニュートラル）のためその名がついた。

原子核がβ崩壊を起こしてβ線を発する

■β崩壊した原子核

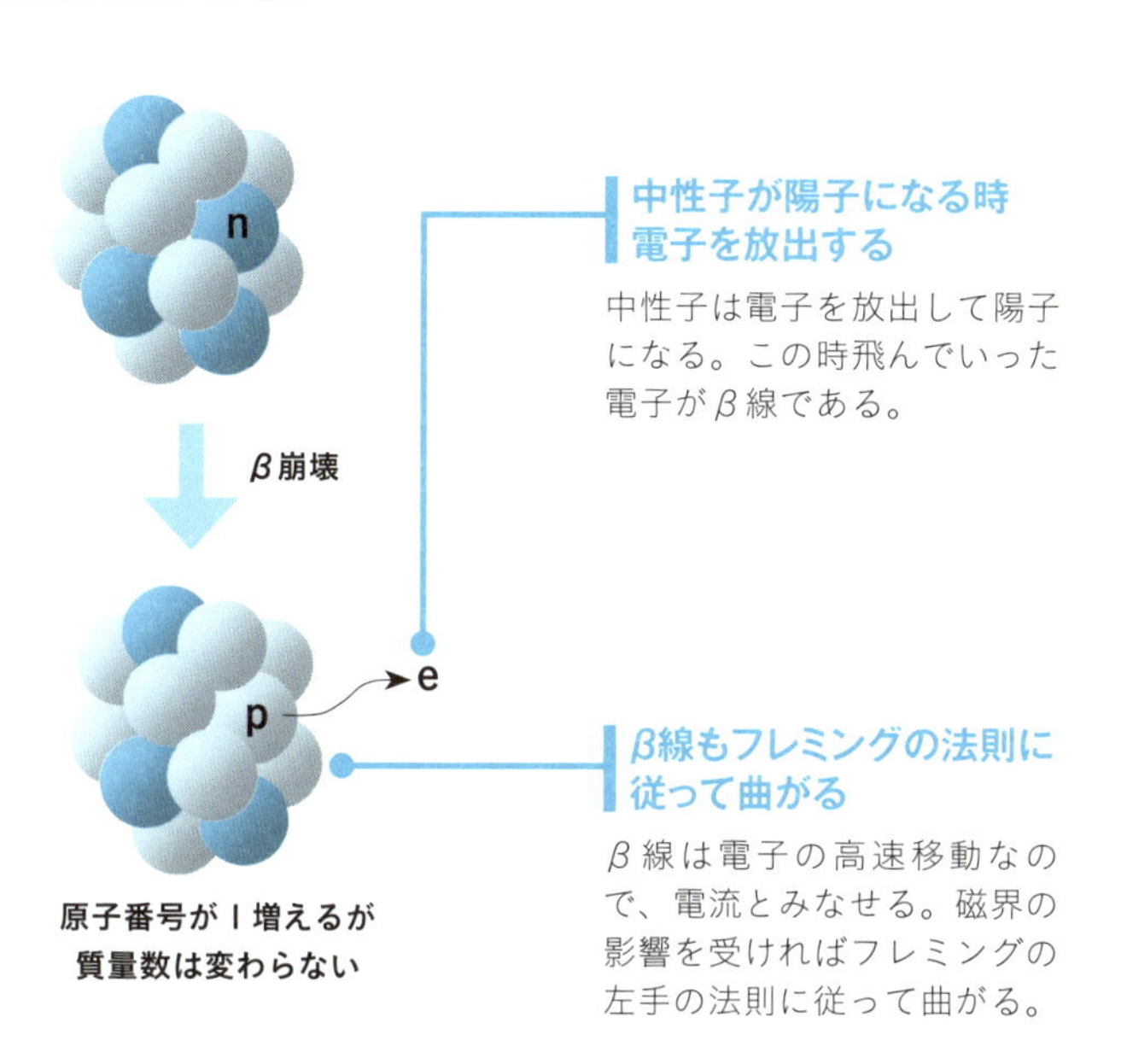

中性子が陽子になる時電子を放出する

中性子は電子を放出して陽子になる。この時飛んでいった電子がβ線である。

β線もフレミングの法則に従って曲がる

β線は電子の高速移動なので、電流とみなせる。磁界の影響を受ければフレミングの左手の法則に従って曲がる。

もっと知りたい

ニュートリノ

ニュートリノの存在が明らかになったのは、β崩壊の研究から。エネルギー保存の法則が成り立たず、β崩壊では未知の粒子がつくられるのにエネルギーが使われていると予測されたのです。のちに検出に成功し存在が証明されました。

陽電子

電子と同じ質量を持ち、電荷がプラスの粒子を陽電子といいます。電子と反応して対消滅するため、地球上では安定的に存在できません。

化学 17

化学反応に大きな影響を与える

イオンの法則

電子のやりとりをすることで原子が電荷を帯びるのね

原子がイオンに変化する

原子核の周りを電子がぐるぐる飛びまわっていることは、前に説明しました。そして一番外側を飛びまわっている電子は、外から力が加わるなどすると原子から離れて飛んでいってしまうことがあります。それでは、**電子が飛んでいく**（①）前後で原子にはどのような違いが起きるでしょうか？

電子はマイナスの電荷を帯びています。原子自体は電荷が中性なのですが、マイナスの電荷を帯びた電子が飛んでいくと、補うようにしてプラスの電荷を帯びるようになります。プラスの電荷を帯びた原子を陽イオンといいます。逆に原子や分子が外から電子を受けとり、マイナスの電荷を帯びたものを陰イオンといいます。そしてイオンのなりやすさを元素ごとに比較したのが**イオン化傾向**（②）です。

KEY WORD

① 電子が飛んでいく

原子から電子が離れることを電離という。電離は、化学反応や物理的な衝撃や光をあびるなどさまざまな原因で起きる。水に溶かすと電離する物質もあり、塩（えん）がその一例。

② イオン化傾向

元素ごとのイオンのなりやすさ、なりにくさの傾向。水素よりイオン化傾向が強い元素は水溶液中で電気分解しても取り出せず、代わりに水素が発生する。

電子が離れると原子はイオン化する 陽イオンと陰イオンは引き合う

■ナトリウムのイオン化

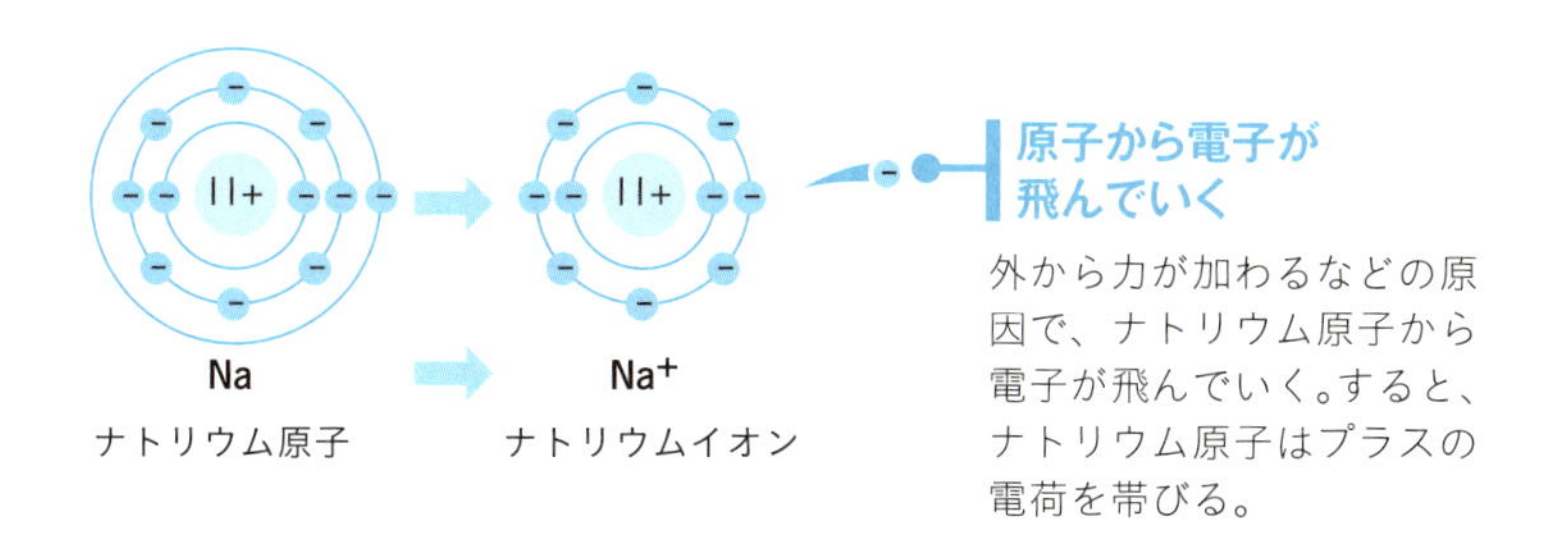

原子から電子が飛んでいく

外から力が加わるなどの原因で、ナトリウム原子から電子が飛んでいく。すると、ナトリウム原子はプラスの電荷を帯びる。

■イオン化傾向

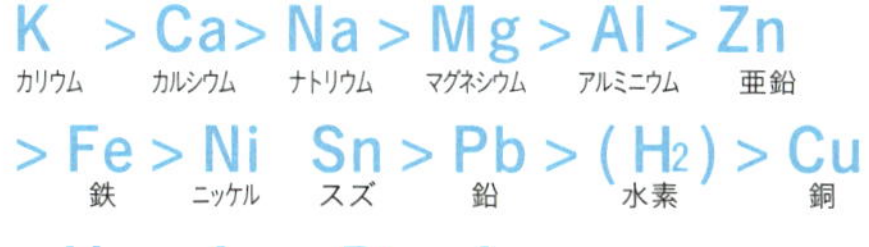

イオン化しやすさは元素によって違う

金や白金はイオン化しにくい。イオン化しにくいと酸素と結合しにくく錆にくいという特徴がある。

もっと知りたい

メッキ

鉄にスズをメッキすることがあります。これは鉄よりスズのほうがイオン化しにくく、錆にくいという特性を持つためです。表面を錆にくくして、見た目が悪くならないようにしているのです。

ボルタ電池

導線でつないだ亜鉛と銅を硫酸につけると、導線に電流が流れます。このしくみでできた電池をボルタ電池といいますが、イオン化しやすい亜鉛から電子が飛び出て電流となっているのです。

化学 18

電子発見の足がかりとなった
ファラデー(電気分解)の法則

原子の概念を生み出すことにも貢献した法則よ

電気を流して物質を分解

中学校の理科で行う水の電気分解の実験。水に少量のナトリウムを入れて電気を流れやすくし、2本の電極を刺すと陰極側では水素が、陽極側では酸素が発生します。電極に泡がついていく様子を眺めていた記憶がある人も、多いのではないでしょうか?

この電気分解を式で表すと水→水素+酸素となり、**電子**(①)は出てきません。しかし、この反応には電子が大きく関わっています。電気についてもよくわかっていなかった時代に、このような化学反応と電子の関係について論じたのがイギリスの学者マイケル・ファラデーです。彼は「電気分解の際に流す**電気量**(②)と発生する物質の量には一定の関係がある」ことを発見しました。電気分解の反応に電気が大きな役割を果たしていることと、そしてその規則性を解き明かしたのです。

KEY WORD

① 電子

原子を構成する小さな粒子の1つ。原子核の周りを周回しているが、原子核から離れて飛んでいくこともある。たくさんの電子が流れている状態を「電流が流れる」という。

② 電気量

物体に流れた電荷の合計をあらわす値。電気分解で流した電流に、流した時間をかけることで求められる。クーロン(C)という単位を用いて表記する。

$$\omega = k \ I \ t = kQ$$

※ ω：物質の量　k：比例定数（電気化学等量）
I：電流（A）　t：時間（秒）　Q：電気量（C）

■ 水の電気分解実験では？

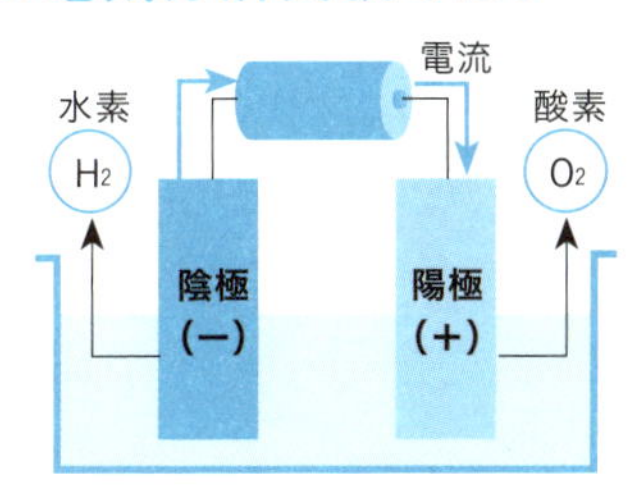

発生する物質は電気量に比例する

「電流×時間」が同じなら、電流や時間を変えても酸素や水素の量に違いはありません。

■ 水の電気分解の詳細

陰極での反応

$$2H_2O + 2e^- \rightarrow H_2 + 2OH^-$$

陽極での反応

$$2OH^- \rightarrow H_2O + \frac{1}{2}O_2 + 2e^-$$

電気分解全体での反応

$$H_2O \rightarrow H_2 + \frac{1}{2}O_2$$

水の電気分解には電子が大きく作用

陽極と陰極のそれぞれで起こる化学反応を見てみると、電子が大きな役割を果たしている。

もっと知りたい

燃料電池

水に電気を流すと水素と酸素が発生し、逆に水素と酸素から水をつくると、電気が発生します。この原理から電気を起こす燃料電池がつくられ、水素を燃料とする燃料電池車が開発されています。

電気メッキ

電気分解を応用した電気メッキという方法があります。メッキをつけたい素材を陰極に、メッキの材料を陽極に使うと材料が溶けて陰極側に移動します。そして陰極の表面で金属に戻るのです。

化学19

化学工業に欠かせない

ル・シャトリエ(平衡移動)の法則

反応が止まっているようだけど、
反応していないわけじゃないのね

元に戻る化学反応とは?

肥料などに使われるアンモニア。窒素と水素を入れた容器に**触媒**(①)を加えてつくり出されます。この時、すべての窒素と酸素がアンモニアに変わるのではなく、窒素や水素のまま残るものもあります。実はこの窒素や水素は、化学反応をしなかったから残っているわけではないのです。

容器の中ではアンモニアができると同時に、アンモニアが分解して窒素と水素ができる反応も起きています。**正反応と逆反応**(②)が起こるペースが釣り合っているため、見かけ上一定のアンモニアができて、一定の窒素や水素が残っているように見えるのです。このように反応が釣り合っている状態を化学平衡といいます。アンリ・ル・シャトリエはこの状態の時、濃度や圧力、温度の変化に応じて平衡状態が変化することを発見しました。

KEY WORD

① 触媒

化学反応を促進させる物質。化学反応に影響を与えるが、化学反応には加わらず、触媒自体は変化しない。アンモニアの場合は酸化鉄を基本につくられた触媒が使われる。

② 正反応と逆反応

準備した物質が変化するのを正反応、変化した後の物質が元の物質に戻るのを逆反応という。本来化学反応は可逆反応であるが、逆反応が小さくなると不可逆反応になる。

濃度や圧力、温度の変化に応じて化学平衡が変化する

■温度と圧力によるアンモニアの変化

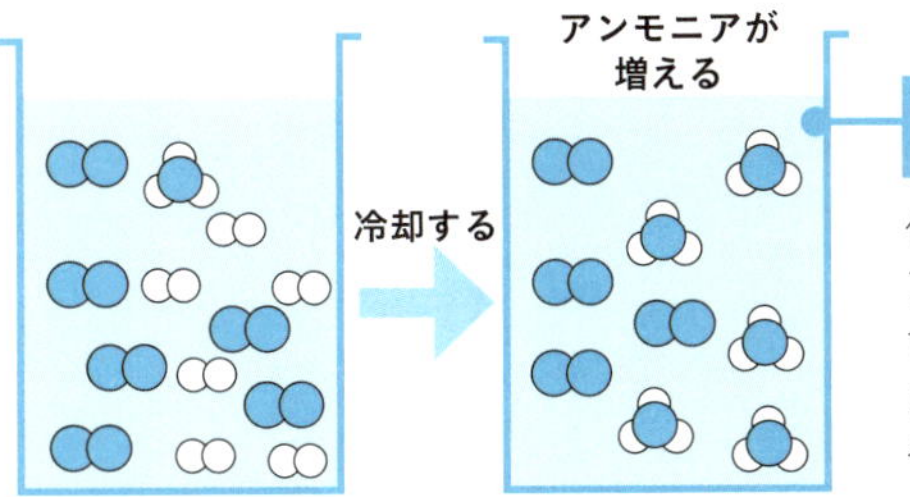

温度を下げるとアンモニアが増える

低温状態のほうがアンモニアができる反応が起こりやすい。冷却することで生成されるアンモニアの量を増やすことができる。

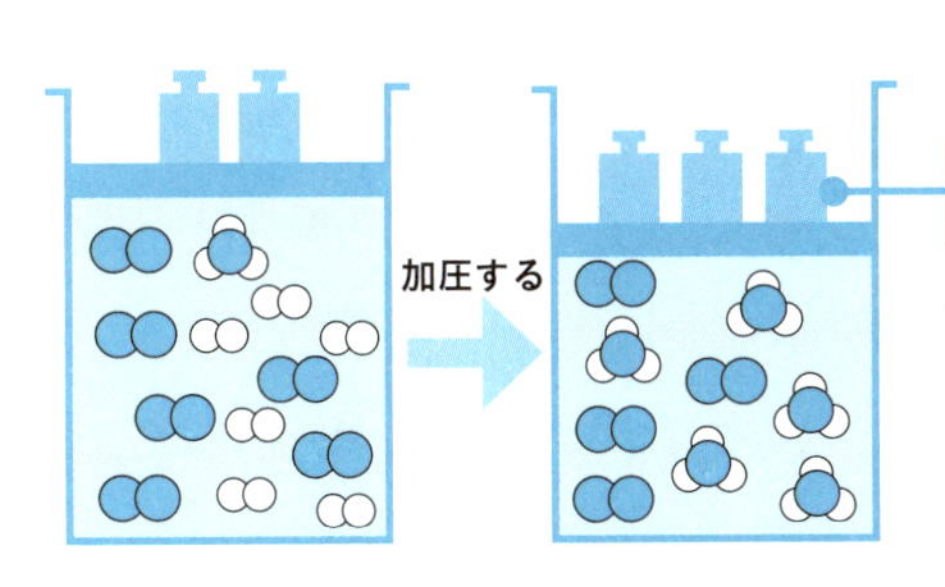

圧力を加えるとアンモニアが増える

加圧すると分子の密度が高くなる。すると窒素と水素が化合してアンモニアになり、少しでも圧力を減らそうとする。

もっと知りたい

ハーバー・ボッシュ法

アンモニアを効率よく製造する方法。「高圧・低温」の窒素と水素を混ぜた上で、平衡状態に至る時間が短くなるように条件を調整します。できたアンモニアは化学肥料や火薬に使われたりします。

スケートリンク

アイススケートはブレードのついた靴で滑りますが、ブレードと氷の接触面では氷が溶けています。これは加えられた圧力を逃すために、氷が水分子の密度の低い水に変化したからです。

化学 20

化学版エネルギー保存の法則
ヘスの法則

定義

どんな経過をたどっても化学反応で発生する熱量は一定

↓全部燃やせば結果は同じ？

石油ストーブでは、石油に含まれる炭素と水素を燃焼させて部屋を温めます。この時に十分な酸素がいきわたらないと、不完全燃焼を起こし**一酸化炭素**（①）が発生します。また、酸素がいきわたり完全燃焼が起こると二酸化炭素が発生します。不完全燃焼でも完全燃焼でも熱が発生しますが、**反応熱**（②）には差があります。二酸化炭素ができる完全燃焼のほうが大きな熱量を生み出すのです。しかし不完全燃焼で燃え残った一酸化炭素を再度燃やして出る熱量を、不完全燃焼の時の熱量に加えると、熱量の合計は完全燃焼の時と同じになるのです。

このように、元になる物質と最終的な物質が同じならば、発生する熱量は、その途中の化学変化の内容によらず一定となります。これを**ヘスの法則**といい、エネルギー保存則の化学的な言い換えともいえます。

KEY WORD

① 一酸化炭素

炭素を燃焼させた時に酸素と結びついて二酸化炭素ができる。ただし、酸素が足りないと一酸化炭素が発生する。有毒だが無色無臭なので気づきにくく、危険。

② 反応熱

化学反応によって起こる熱を反応熱という。カイロは鉄が酸化鉄になる時にできる反応熱を利用している。化学反応式に反応熱を併記したものを熱化学方程式という。

化学 21

低気圧ほど炭酸が抜ける

ヘンリーの法則

気体が液体に溶ける量は液体にかかる圧力に比例する

血液にも気体が溶ける？

コーラなどの炭酸飲料はフタを開けると泡立ちはじめて、炭酸（二酸化炭素）が出てきますよね。そして再度フタを閉めても液体の中から小さな泡が出続けます。

これには「**ヘンリーの法則**」が関わっています。ヘンリーの法則は「温度が一定の時に、揮発しやすい気体が液体に溶ける量は、圧力に比例する」という法則です。未開封のコーラのペットボトルは内圧が**1気圧**（①）より高くなっていて、その分だけの二酸化炭素が溶け込んでいます。フタを開けることでペットボトルの内圧が1気圧に下がり、溶けていた気体が再び気化するのです。

このような変化はコーラだけではありません。スキューバダイビングで潜る時に圧力がかかり、血液に気体が溶けることがあります。窒素ガスが血中に溶け込んでしまい、急浮上した時に気化して**減圧症**（②）になるのです。

KEY WORD

① 1気圧

海面あたりの標準的な大気圧のことで、標準気圧ともいう。1気圧は1013.25hPaと定義される。気圧は標高が上がるほど低くなり、富士山頂付近では約630hPaにもなる。

② 減圧症

気圧や水圧が高い場所から低い場所に急に移動すると、血管内でガスが気化して血行障害が起きる。呼吸器障害が起きることもあり、予防のためには減圧に十分に時間をかける。

化学 22

圧力鍋の温度の秘密

沸点上昇の法則

液体に圧力を加えると沸点が上がる

蒸気を押さえる圧力

1気圧の時に水は100℃で**沸騰**（①）します。これは100℃になると水分子が激しく動くようになり、水分子の引っ張り合う力や大気圧の押しとどめる力では抑えきれなくなるからです。激しく動く水分子は、次から次へと水面から空気中へ飛び立っていくのです。

沸騰を始めると液体の温度は蒸発しきるまで変わりませんが、**沸点を上昇させることで液体の温度を高く保つ方法が2つあります**。1つは高い圧力をかけること。押しとどめる力を強くして、水分子が空気中へと飛び立たないようにします。この原理は**圧力鍋**（②）による高温調理に使われています。もう1つは、水分子よりも動きが遅い分子を混ぜる方法です。これにより水分子が蒸発しにくくなるのです。たとえば水に塩を入れたりすると、少しだけですが沸点が上がるのです。

KEY WORD

① 沸騰

液体が表面からだけではなく内部からも気体に変化する状態のこと。沸騰する時の蒸気圧（その物質の気体の圧力）は、その時の気体側の気圧と同じになっている。

② 圧力鍋

高圧力で水の沸点を上げ、高温で調理することを可能にした鍋。圧力により具材をトロトロに煮込めると思われがちだが、圧力自体は大して味に影響を与えない。

化学 23
海水は真水より凍りにくい
凝固点降下の法則

水に違う物質を入れると凝固点が下がる

積雪対策に応用できる

塩水は水より沸点が高くなりましたが、塩水が凍る温度はどのように変化するでしょうか？　水は0℃で凍りますが、塩水が凍る温度は0℃以下です。これは溶けた塩の成分であるNa^+とCl^-が水分子の間に入ることで水分子同士がくっつきにくくなるからです。

冬場に雪が降る地域では道路に**凍結防止剤**（①）を散布しますが、これらは**凝固点**（②）を下げる作用があるわけです。そしてこれらの薬品を散布することで冬季の屋外でも地面を凍らなくしたり、あるいは凍ってしまった状態を溶かすことができます。

2つの物質が混ざると、溶ける温度が下がるという現象は金属でも見られます。スズと鉛の融点はそれぞれ231・9℃、327・5℃ですが、それらの合金のハンダはそれより低い183℃で溶けるのです。

KEY WORD

① 凍結防止剤

凍結防止剤には、塩化カルシウムや塩化ナトリウムが用いられる。塩化カルシウムの飽和水溶液は約－50℃、塩化ナトリウム水溶液は約－20℃まで凝固点が下がる。

② 凝固点

物質の状態が凍る（液体から固体に変化する）温度を凝固点という。凝固点は物質によって異なる。たとえば25％の食塩水は、－22℃が凝固点である。

化学 24

濃くなるほど蒸発しづらくなる

ラウールの法則

沸点の上昇した温度または凝固点が下降した温度は溶質の量に比例する

蒸発のしづらさは分子数に比例する

純粋な液体に違う物質を混ぜると沸点が上昇し、凝固点が下がることはすでに紹介しました。これは**溶質**（①）が入ることで、液体の分子が動いたり固まったりするのを防ぎ、蒸発しようとしたり凝固したりするのを邪魔しているのです。

ラウールの法則は「沸点の上昇した温度・凝固点が下降した温度は単位溶媒あたりの〝邪魔者〟（溶質）の量に比例する」という法則です。この法則で重要なのは、どんな種類の溶質であるかではなく、その溶質がどれぐらいの濃さで入っているかです。溶質が塩だろうが砂糖だろうが関係なく、いくつの分子が入ったかがポイントなのです。溶質の濃さは、溶媒1Lあたりにどのぐらいのモル数（96ページ）の分子が入っているかで計算します。この濃さを表す数値を**モル濃度**（②）といいます。

KEY WORD

① 溶質

液体に物質を溶かす時、溶かされるほうの物質を溶質と呼ぶ。逆に溶かす液体のほうは溶媒といい、両者が合わさったものを溶液という。塩は溶質で塩水は溶液。

② モル濃度

水溶液の濃度を溶質の分子数に着目して表した数値。単位はmol／L。質量に着目して表したのが質量パーセント濃度で、質量（g）に着目した水溶液中の溶質の割合を指す。

化学 25

光を通すだけで物質の濃度がわかる?

ランバート・ベールの法則

光が液体に吸収される量は光が液体を通過する長さと液体の濃度に比例する

日焼け止めの濃さと厚さの法則

水溶液の濃さが沸点や凝固点に影響を与えることはすでに紹介しました。実は水溶液の濃さは、光を当てるだけで知ることができるのです。

水溶液中の物質は特定の**波長**（①）の**光を吸収**（②）します。吸収する波長は溶質によって異なりますが、どの波長の光を吸収するかわかれば、光が水溶液を通過した時にその波長がどれぐらい吸収されたかで、水溶液の濃度がわかるのです。「光が通過した長さは、吸収量に比例する」というのがランバートの法則、「水溶液の濃さは、吸収量に比例する」というのがベールの法則で、あわせて**ランバート・ベールの法則**といいます。日焼け止めは波長の短い光（紫外線）を吸収する物質を溶かした水溶液ですが、「厚く塗るほどいい」というのがランバート、「濃いほどいい」というのがベールの法則です。

KEY WORD

① 波長

光は波長によって性質が異なり、目に見える波長の光を可視光線という。目で見えないものには、紫外線や赤外線がある。プリズムを通すとそれぞれの波長の光をわけて見られる。

② 光を吸収

物質が光を吸収することを吸光という。物質がどれくらい光を吸収してそのエネルギーを弱めるかを吸光度といい、散乱や反射といった吸収以外による減光も含める。

2 時間目

ケミストリーは世界を救う!?

化学のテスト

なまえ

／100

化学の知識がどのぐらい身についたのか、化学のテストに挑戦してみよう！
問題は 1 問 20 点。答えは 128 ページにあるよ。

1 気体の体積を求めよ

ボイル・シャルルの法則が成り立つ時、1 気圧・20K・体積 1L の気体について圧力を 2 気圧、温度を 80K にすると、体積は何 L になるか答えよ。

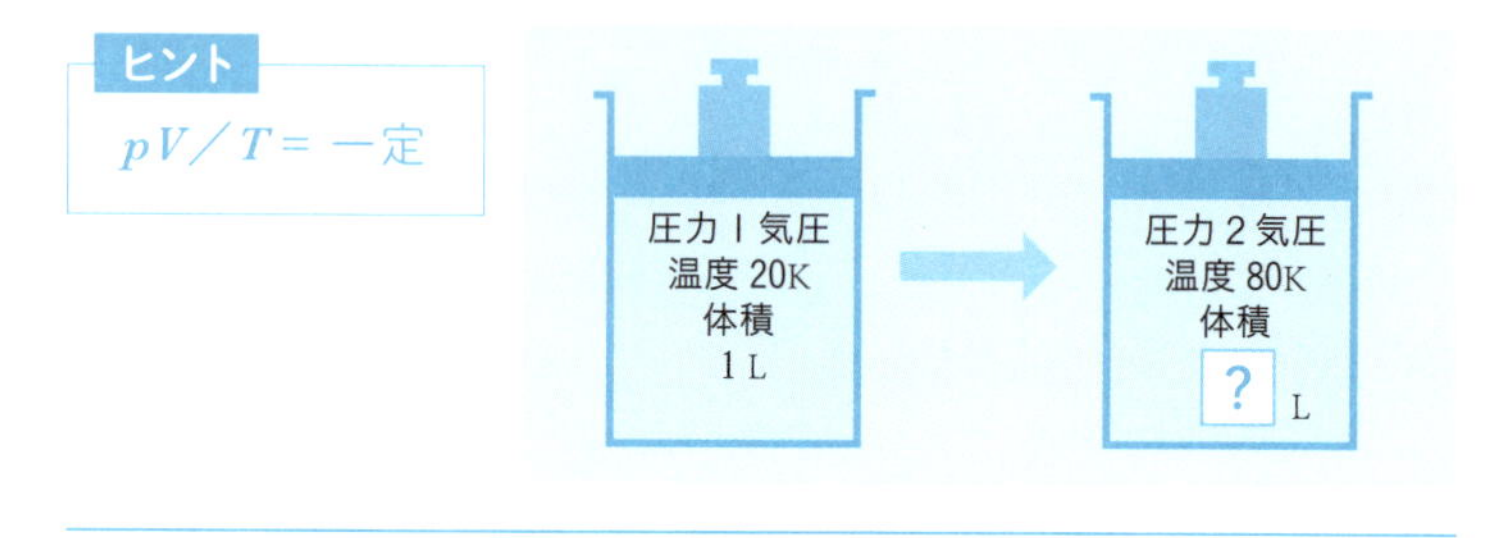

2 浸透圧を求めよ

半透膜を隔てて水とショ糖水を接触させる。1 回目では 1mol のショ糖が入った 1 L のショ糖水を、2 回目では 4mol のショ糖の入った 2L のショ糖水を使ったとする。2 回目の浸透圧は 1 回目の何倍か？　ただし、温度は変わらないとする。

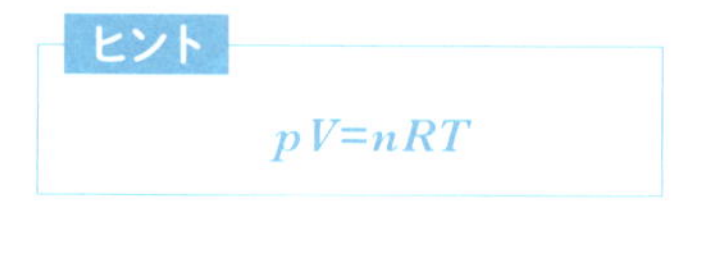

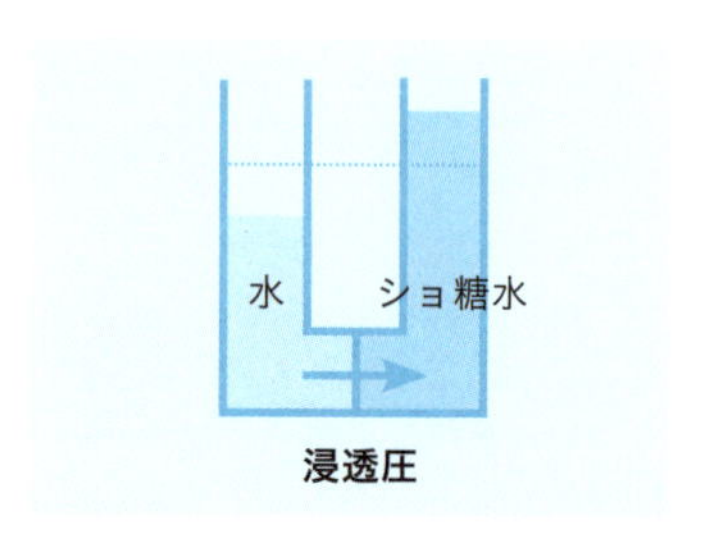

3 周期表の意味を答えよ

元素周期表の意味を下線部を埋める形で答えよ。

周期表の縦の列は元素が＿＿＿＿＿＿を持つことを表す。

縦の列が同じなら外側の軌道の＿＿＿＿＿＿が同じ。

ヒント

原子の構造に着目

周期		族							
		1	2	13	14	15	16	17	18
	1	H							He
	2	Li	Be	B	C	N	O	F	Ne
	3	Na	Mg	Al	Si	P	S	Cl	Ar
	4	K	Ca						

4 半減期から経過時間を求めよ

半減期を5年とするならば、測り始めと比べて放射能が6.25％になっていた時、放射性元素は測定を開始してから何年たつか？

ヒント

半減期がすぎると半分に

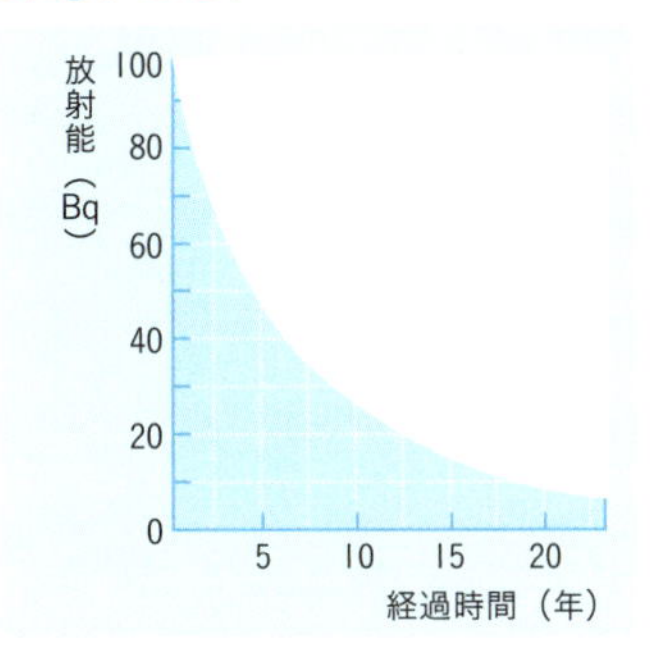

5 α崩壊の特徴を述べよ

右記の下線部を埋めよ。

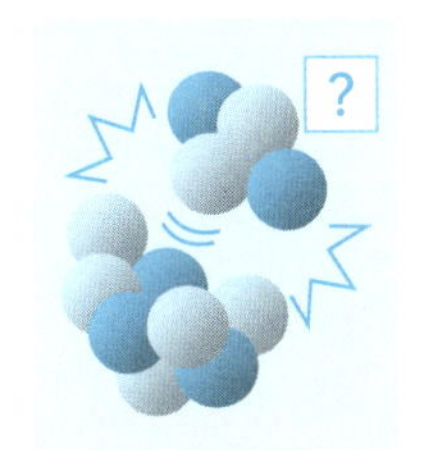

α崩壊では、原子核から帯電した＿＿＿＿＿＿が放出される。

崩壊後は原子番号が＿＿＿＿＿＿つ減る。

ヒント

放出されるのは周期表で2番目に軽い原子

化学のテスト

答え

Answer

1 A：2L

ボイル・シャルルの法則に従う時
圧力×体積÷温度が一定になる。

そのため、圧力×体積÷温度に
それぞれの条件の値を代入しても
数値は変わらない。
1気圧×1L÷20K
=2気圧×V÷80K

上記の式を解くと
V=2L
よって正解は2L。

2 A：2倍

両者の温度が同じため
温度をTとする

条件1を公式に代入すると
$P_1 \times 1\mathrm{L} = 1\mathrm{mol} \times R \times T$
よって$P_1 = 1\mathrm{mol}/L \times RT$

条件2を公式に代入すると
$P_2 \times 2\mathrm{L} = 4\mathrm{mol} \times R \times T$
よって$P_2 = 2\mathrm{mol}/L \times RT$
$= 2P_1$
よってP_2はP_1の2倍となる。

3 A：共通の性質、電子の数

周期表は原子番号順に、ある規則に則って元素を並べたものである。

その規則とは「縦に同じ性質を持つ元素が並ぶようにする」というもの。そして同じ性質を持つグループのことを族という。

同じ性質を持つ理由は、その原子の周りを飛ぶ電子に関係がある。一番外側の軌道を飛ぶ電子の数が、族が同じならば等しいのである。

4 A：20年

放射性の原子核は、半減期がすぎるとその半数が崩壊する。そのため放射性物質の放射能は、半減期をすぎると半分になる。

つまり、半減期を経るたびに、放射能は次のように推移する。
100％→50％→25％→12.5％→6.25%

6.25%になるには4回半減期を経ているため、20年たっていることになる。

5 A：ヘリウム原子核、2

α崩壊が起きる時、α粒子が飛び出る。そのα粒子の正体が帯電したヘリウム原子核。そのためα粒子は、飛び出た後に周囲から電子を奪いとり、ヘリウムとして安定する。

ヘリウムの原子核は、陽子2つと中性子2つからなる。そのため元の原子からは陽子が2つ抜けることになり、原子番号が2つ減る。

生物の時間

恋愛も遺伝子次第?

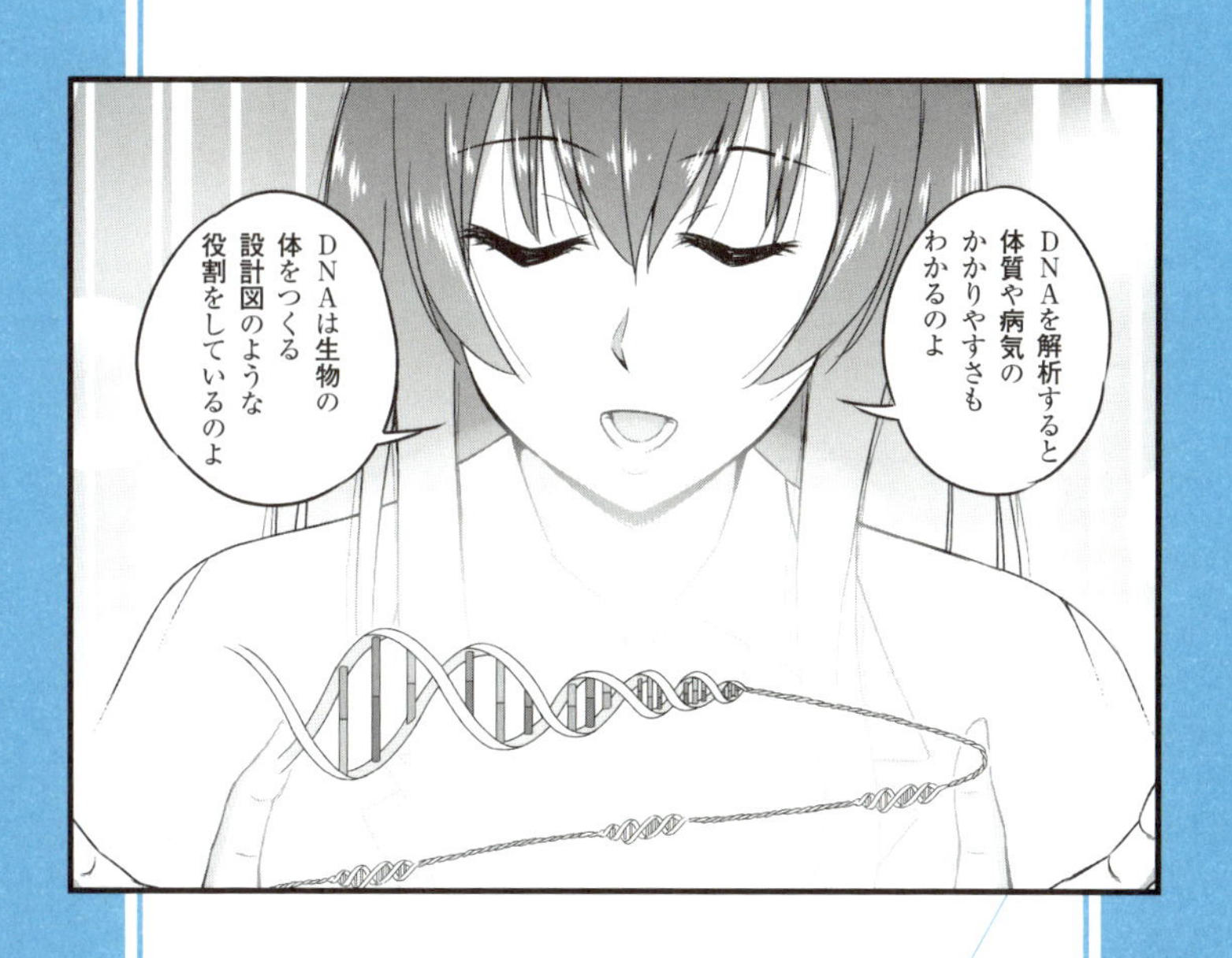

Biology

物理学のテストが手応えありでした先生のおかげです
ワァッ
わたしも化学がいつもよりできました
よかったじゃないふたりとも頑張っていたもんね
でれっ…
先生

もし次のテストで良い点取れたら
俺とデートして下さい！
ガタッ

ん～どうしよっかな……

じゃあフミオくんのDNAを調べさせてくれたら考えてあげる
は？
DNA？

ピッ
遺伝情報を含む物質のことよ

遺伝情報？
物質？
？

フミオくんは
お父さん似とか
お母さん似って
言われたことある？

どぉ!ーーーん
顔上半分は
お父さん似
下半分は
お母さん似です
……良いところを
受け継いだみたいで
よかったわね

フミオくんみたいに
親子で似た特徴を
引き継ぐことは
昔から生物学の
大きなテーマだったの
父
母
親の形質が子に
伝わることがある
そして、その原因が
DNAにあることを
生物学者が
突き止めたのよ

なるほど
DNAで親子が
似るのか
へえ〜…
自分のDNAが
わかると
何かよいこと
あるんですか？

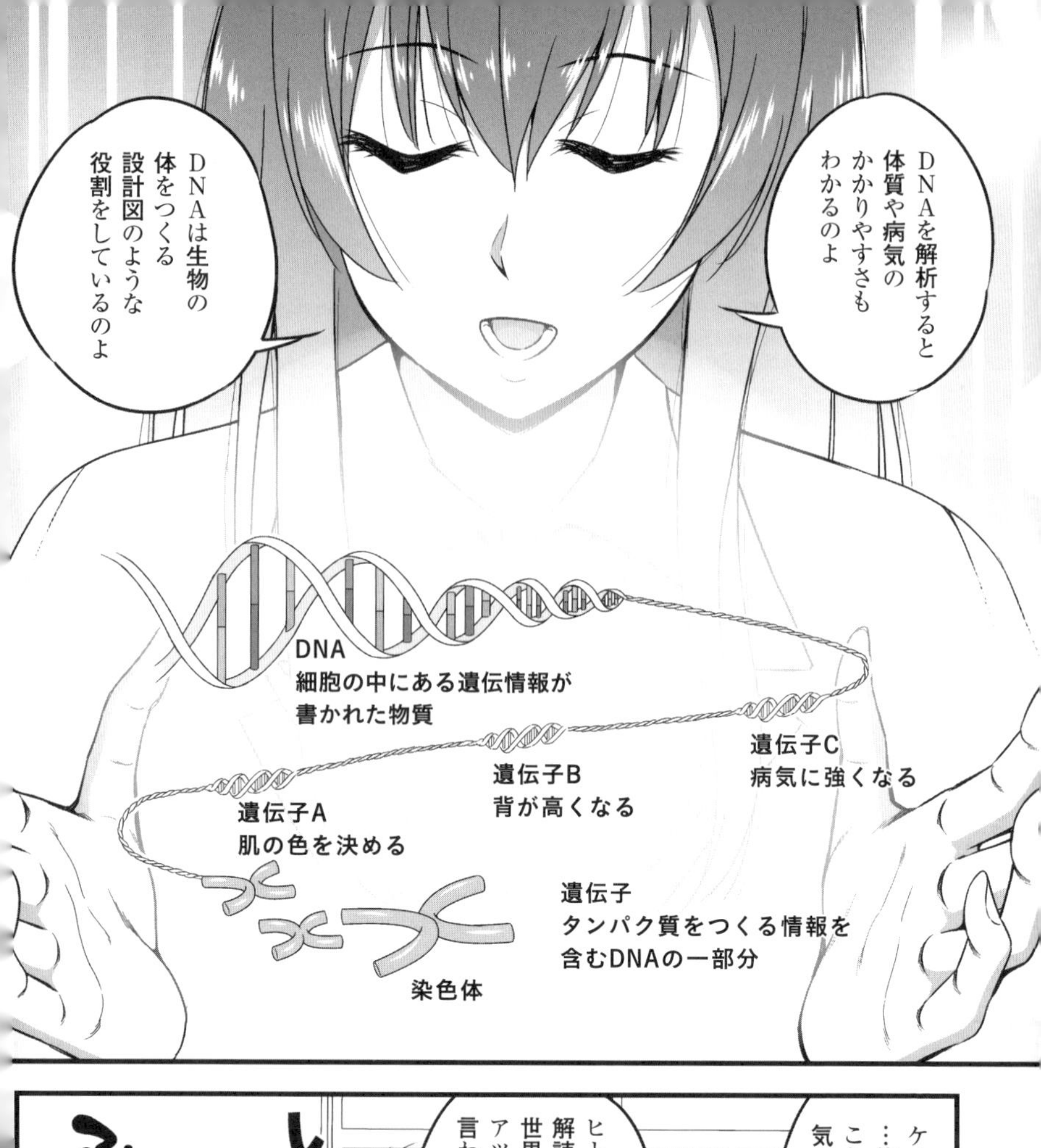
DNAを解析すると体質や病気のかかりやすさもわかるのよ
DNAは生物の体をつくる設計図のような役割をしているのよ
DNA
細胞の中にある遺伝情報が書かれた物質
遺伝子C
病気に強くなる
遺伝子B
背が高くなる
遺伝子A
肌の色を決める
遺伝子
タンパク質をつくる情報を含むDNAの一部分
染色体

ケイコ先生…俺の体調のことまで気にしてくれて
じ──ん…
ヒトの遺伝子の解読は理科の世界でもっともアツい分野だと言われているの
しれっ
ふんふん

これからの技術革新が進めばDNAから
男女の相性だってわかるようになるかもしれないわね
でも、DNAを調べるのにお金がすごいかかるってきいたことあるけど
今では技術革新が進んで数万円払えば調べることができるの
安心して
今後もっと安くなると言われているわ
バッ
先生！

俺、今すぐDNA調べてきます！
ガタッ
ビュッ
ガラッ
えーっ

ドドドドドドド

はー…
ほんとバカなんだから

いいえ DNA自体は解析できても
それが何を意味しているかはまだあまりわかってないの
カチャ…
男女の相性がわかるかは今後の生物学の発展次第ね

でも先生、男女の相性って
くるっ
今の技術でもDNAからわかるんですか？

だから相性が
わかるように
なるまで
デートするかは
決められない
かも♪
ぺろっ

ズズズー。。
すげえっ
理科知識で
体よく
断ったのか!?

生物 01

近代的生物学はここからはじまった!

リンネの分類法

あらゆる生物を属、種などに細かく体系立ててまとめたのよ

若手学者が提唱した生物分類法

多種多様な事物を対象として研究を行うためには、それらを体系立てて分類することが必要です。生物学でも、昔から多くの研究者が独自の分類法を用いてきました。そして、現在につながる体系であらゆる生物を分類したのが、**リンネ**（①）です。

リンネは著書の中で動植物の身体の構造に着目して分類しました。類縁関係を示すために、上から「界」「綱」「目」「属」「種」の5階級と、種の中に「亜種」をつくり、著書の中で使用しました。それと同時に、リンネは属名と種小名からなる「二名法」による学名表記を提唱しています。たとえば「**ホモ・サピエンス**（②）」であれば「ホモ」が属名（ヒト属）、「サピエンス」が種小名を示すものです。現在、分類法は少々改良されて使われていますが、この二名法はそのまま今でも使われています。

KEY WORD

① リンネ

カール・フォン・リンネはスウェーデン人の生物学者で、1735年に出版した『自然の体系』の中において鉱物、植物、動物のそれぞれで共通の分類体系を提唱した。

② ホモ・サピエンス

「賢い人間」を意味する人類の学名。16万年前に登場したホモ・サピエンスと現代の人類を区別するため「ホモ・サピエンス・サピエンス」という亜種名を用いることもある。

「界」「綱」「目」「属」「種」の階級を作成

■リンネによる生物の分類

界	植物界、動物界など
綱	哺乳綱、鳥綱、両生綱 、魚綱、単雄しべ綱、二雄しべ綱など
目	鱗翅目、双翅目、単一雌しべ目など
属	ヒト属、ネコ属、キク属、バラ属など
種	ヤマネコ、シュンギク、ノイバラなど
亜種	ヤクシマザル、イリオモテヤマネコなど

※現在用いられている分類・名称とは異なる

生物を特徴ごとに5階級に分類

界が一番大きい分類を示し、種が小さい分類を示している。亜種は種としてわけるほどの違いはなく、同種の近縁生物を分類するものである。

■リンネの学名表記

二名法		
Homo	sapiens	L.
属名	種小名	命名者

今でも種の名称として用いられる手法

属名、種小名の後には命名者の表記が入るが、リンネが命名した学名に関してのみ、“L.”1文字の略称の使用が許されている。

もっと知りたい

性的な分類？

リンネは植物を雄しべと雌しべの数によって分類。この分類法を「性の体系」と呼びました。当時、花粉が植物の排泄物であるとの考えが根強く、わざわざ性的な話題を持ち出して分類するこの方法は、一部から非難されました。

リンネの使徒

リンネは世界中の動植物、鉱物を調査して分類しようと考え、弟子たちを世界中に派遣。弟子の中には地球の裏側であるポリネシア諸島や南極まで到達した者もいました。

生物 02

細胞の特徴でわける？

生物の分類

生物の分類法についていろいろな学説が提唱されてきたわ

新たなわけ方が誕生

リンネによる生物の分類は5段階でしたが、現在では「界」「門」「綱」「目」「科」「属」「種」の7段階に分類するのが一般的です。この中で最も上の分類である「界」については、どう分類するのが適切か多くの学者が頭を悩ませてきました。リンネの時代には動物界、植物界、鉱物界という3分類でしたが、のちに鉱物は外され、2界説をはじめ最大8界説まで多くの分類が提唱されました。最も普及したのはリン・マーギュリスの**5界説**（①）で、動物界、植物界に加えて「菌界」「原生生物界」「モネラ（原核生物）界」に分類するものです。

しかし、後にDNAの研究が進むと、モネラ界に含まれる細菌と古細菌には大きな違いがあることなどの問題が発生し、最新の生物学においては界の上に「**ドメイン**（②）」が新設されています。

KEY WORD

① 5界説

元はロバート・ホイタッカーが栄養の獲得方法の違いで分類したもの。1980年にマーギュリスが藻類を原生生物界に移動するなど再整理し、現在の5界説となりました。

② ドメイン

領域、分野といった意味の語句。生物の分類としてはカール・ウーズが提唱した3ドメイン説が一般的。他に真正細菌とそれ以外にわける2ドメイン説などもあります。

生物の分類にはさまざまな方法がある

■5界説による生物の分類

原核生物	モネラ界	バクテリアや藍藻(らんそう)などの原核生物すべてが含まれる。原核生物とは細胞膜内に核をもたない生物のこと。
真核生物	原生生物界	アメーバやゾウリムシなど、単細胞生物が含まれる。
	菌界	おもにキノコやカビといった菌類が含まれる。
	植物界	草や木といった一般的な植物が含まれる。葉緑体を持って光合成するものが多いが、進化の過程で葉緑体を失ったものもある。
	動物界	いわゆる一般的な動物が含まれる。自ら栄養（炭素）を生み出すことはできず、他の生物を摂取して栄養を得る。

■ドメイン説による生物の分類

真正細菌	大腸菌やバクテリアなど、一般的に知られている細菌・バクテリアが含まれる。
古細菌	原核生物の一種で、進化系統的には細菌より真核生物に近い特徴を持ち、アーキアともいわれる。
真核生物	動物、植物、菌類など、我々が目にすることができるほとんどの生物が含まれる。

もっと知りたい

古細菌

古細菌には細菌が生息しない高温や高圧の中に生息するものが多いです。原核生物だがＤＮＡ複製のしくみなどは細菌より真核生物に近いため、古〝細菌〟ではなくアーキアとも呼ばれます。

ウイルスは生物か?

感染症の原因となるウイルスは細胞を持たないため、上記の分類に当てはまりません。しかし、他の生物の細胞を用いて自己増殖するため学説によってはウイルスを「細胞を持たない生物」とすることも。

生物 03

「熱い海底」が大きな役割を果たした?

生命の誕生

生命が生まれるためには特別な環境が必要だったのよ

有機物から生命が生まれた

地球で最初の生命がいつ誕生したかは諸説ありますが、一般的にはおよそ40億年前に、生命の最小単位である細胞が最初に発生したと考えられています。「原始スープ」と呼ばれるように、当時の地球の海は**リン脂質**（①）やタンパク質、核酸などのさまざまな有機物を多く含んでいました。深海にある熱水噴出孔の熱により、そのスープが変化し**細胞が誕生**したといわれています。

とくに重要な役割を果たしたのがリン脂質。二重の膜を構成することで、体内（＝細胞内）と外界を分ける**細胞膜**（②）を生み出しました。その膜の中に核酸やアミノ酸からつくられるタンパク質が包まれることで、細胞の原型といえるものが誕生します。数多く生まれたその原型のうち、代謝を行って分裂するしくみを獲得したものが細胞として生き残り、発展していったのです。

KEY WORD

① リン脂質

リン酸と脂肪酸が結合してできる分子で、細胞膜の構成成分。水となじみやすい頭部と水を嫌う脚部を持ち、頭部を外側に、脚部を内側に向けた二重の膜をつくる。

② 細胞膜

リン脂質でできているが、それだけでは物質を取り込んだり排出することができないので、膜の一部にはタンパク質が存在し、物質を透過させたり他の細胞と結合したりする。

リン脂質の膜とタンパク質により細胞が誕生

■ 細胞膜の構造

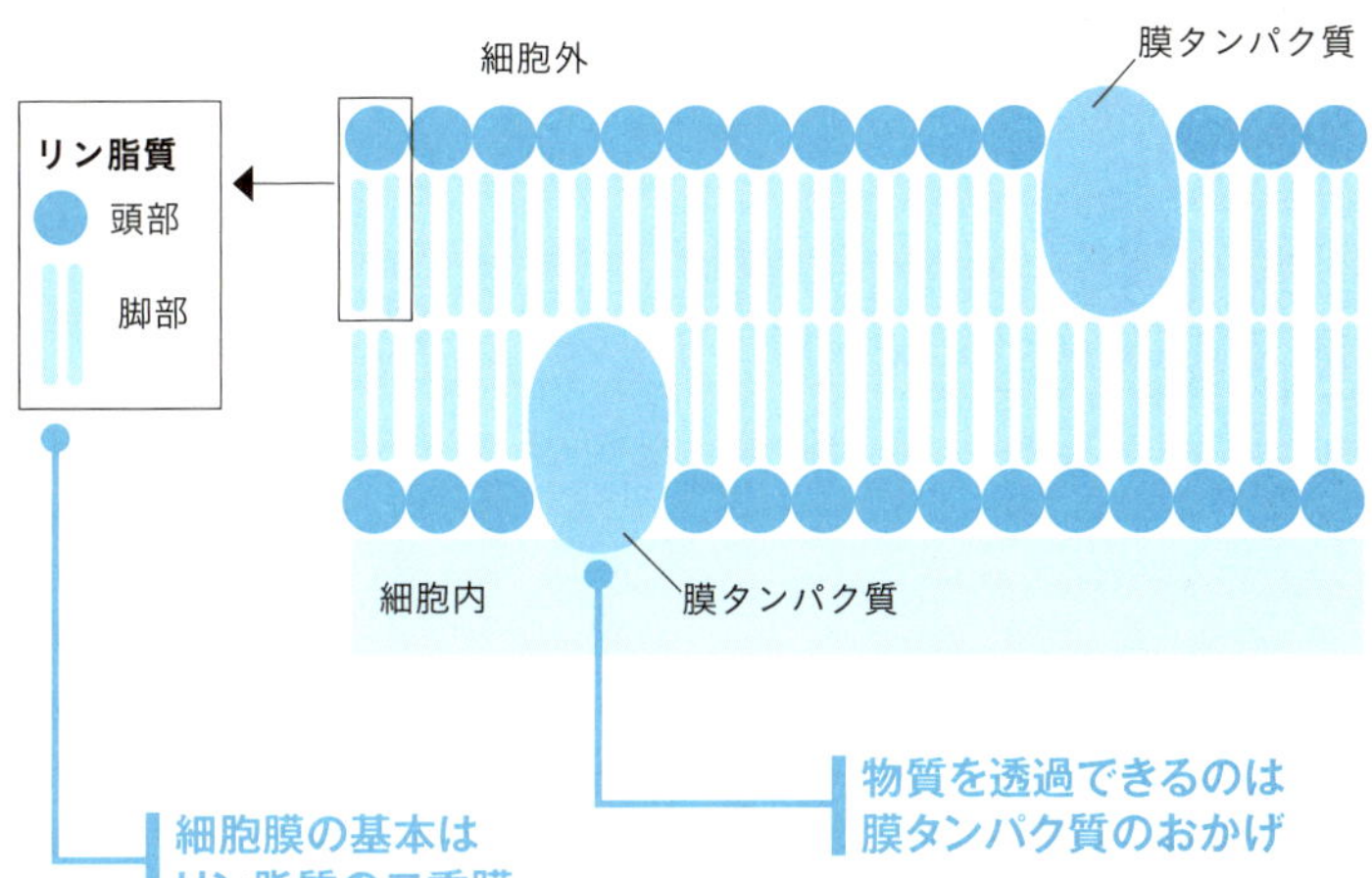

細胞膜の基本はリン脂質の二重膜

親水性のある頭部が上下に並び、その内側に疎水性の脚部が並ぶリン脂質の二重膜によって、細胞膜の多くが構成されている。

物質を透過できるのは膜タンパク質のおかげ

リン脂質の膜の途中に点在するタンパク質は「膜タンパク質」と呼ばれ、これにより細胞膜は特定のイオンやブドウ糖などを通過させる半透膜となる。

もっと知りたい

海底にある生命の泉？

深海に存在する熱水噴出孔は海底火山の一種で、200℃～350℃にも達する熱水が吹き出ています。さらにメタンや硫化水素、アンモニアなどのガスや金属イオンも吹き出しており、太陽エネルギーを必要としないほどの化学エネルギーと有機物の合成に必要な環境が整っています。そのため、地球最初の生物もここから誕生したと考えられています。現在でも古細菌を筆頭に硫化水素を取り込むジャイアントチューブワームなどの生物が、独特の生態系を築いているのです。

生物 04

地球環境を激変させたすごいヤツ
原核生物の法則

原核生物が地球に酸素を増やし今に近い環境をつくり上げたのよ

光合成を行う生物の誕生

地球で最初に生まれた生物は、原核細胞というシンプルな構造の細胞を持つ**原核生物**でした。原核細胞には核がなく、内部にはタンパク質を合成するリボソームという器官とタンパク質合成の情報源となる**DNA、RNA**（①）を持った構造体などが存在するのみです。

142ページで紹介したような経緯で誕生した原核生物は、当初は海中に豊富にあった有機物をそのまま栄養として利用していました。しかし、多くの原核生物が誕生すると、生物は自ら栄養物を合成する必要に迫られました。こうして、海底から吹き出す硫化水素を酸化してエネルギーを生産する生物が誕生します。続いて、日光を受けて水と二酸化炭素から有機物を合成し、酸素を排出する最初の光合成生物「**シアノバクテリア**（②）」という微生物が誕生しました。

KEY WORD

① DNA、RNA

いずれも核酸で、タンパク質の合成においては、DNAが設計図の役割で、RNAはDNAの情報やアミノ酸をリボソームに届けるなどの多様な役割を果たしている。

② シアノバクテリア

いわゆる藍藻類のことで、藍色細菌とも呼ばれる。光合成を行う細菌で、さまざまな形で地球上に広く分布しており、植物プランクトンと呼ばれる微生物の一種でもある。

地球最初の生物は「原核生物」

■原核生物（バクテリア）の構造

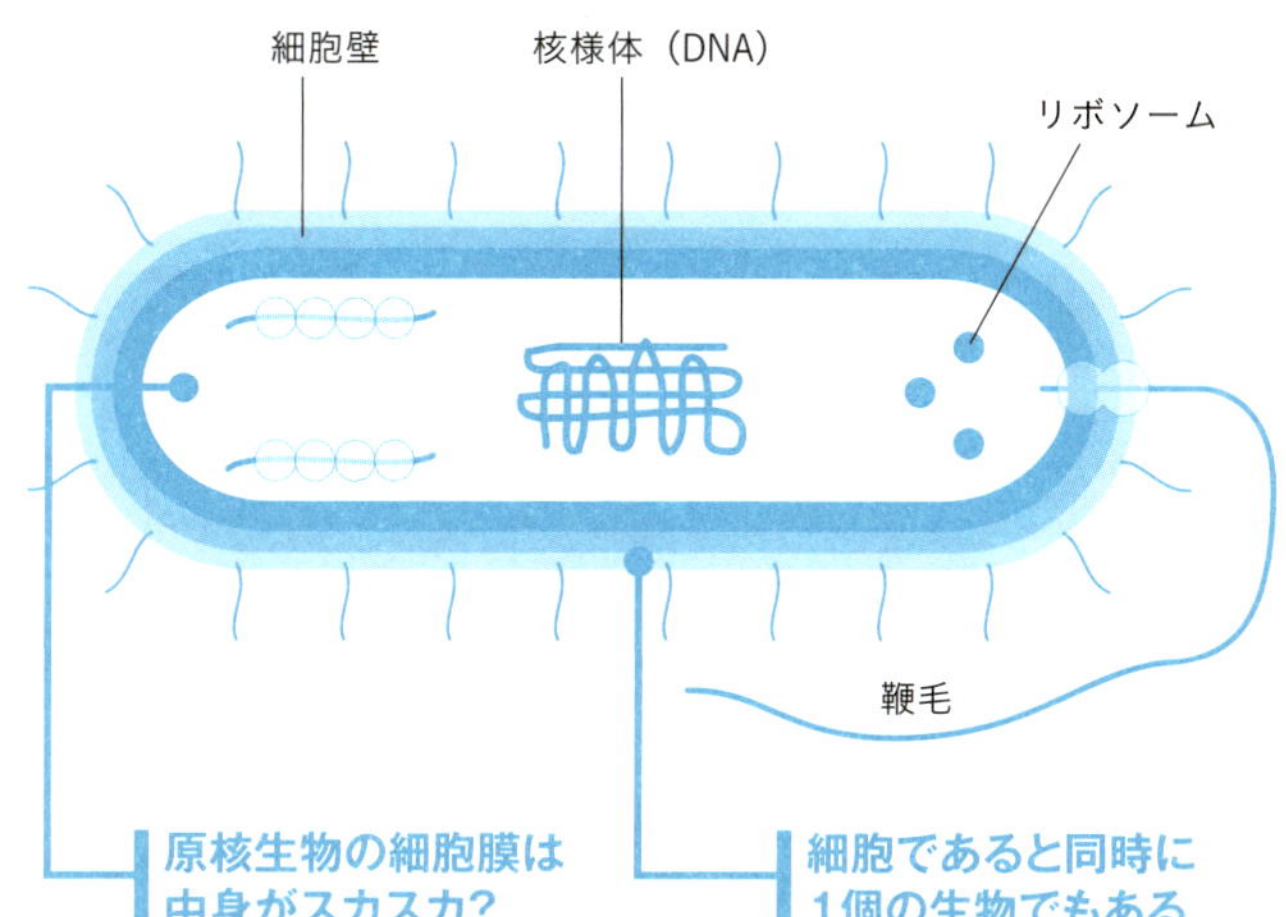

原核生物の細胞膜は中身がスカスカ？

原核生物には核がないため、DNAも他との区別なく細胞質の中に存在している。細胞を支える内部構造がないため、固い細胞壁を持っている。

細胞であると同時に1個の生物でもある

原核細胞生物は細胞1個が1つの生物として存在しているため、他の個体との接合に使う繊毛や移動のための鞭毛を持っているものが多い。

もっと知りたい

地磁気

生命が誕生した頃、太陽風のせいで生物は海中深くでしか生息できませんでした。しかし、30億年前に地磁気が発生し、太陽風が防がれたことで、海面近くに生息できるようになったのです。

植物プランクトン

プランクトンは微生物の総称。植物プランクトンと呼ばれるのは、シアノバクテリア（藍藻）の他にも珪藻類などが含まれます。似たようなものに思えますが、藍藻は細菌、珪藻は藻類で植物です。

生物 05

“空気の毒”を克服した高等生物

真核細胞の誕生

わたしたちと同じ細胞を持った生物が誕生したわ

外部から細胞を取り込む

光合成生物の生み出す酸素は多くの生物たちにとって猛毒でしたが、なかには酸素からエネルギーを生み出す真正細菌もいました。そしてその真正細菌を取り込み、エネルギー源として活用しようとする原核細胞が現れます。体内に取り込んだ真正細菌を消化・吸収せず、そこからエネルギーだけ利用するようになった原核細胞を、**真核細胞**といいます。もともとの原核細胞は酸素に弱いので、真核細胞は細胞内に仕切りをつくり自身の核を守ります。そして取り込まれた真正細菌は、**ミトコンドリア**（①）としてエネルギーを生み出す器官になったのです。

真核細胞は仕切りで核を守れるようになり、たくさんの遺伝子情報を蓄えられるようになったことで複雑化しました。その一部は複数の細胞同士が協力する形状に進化し、**多細胞生物**（②）になっていったのです。

KEY WORD

① ミトコンドリア

酸素を取り込んでエネルギー（ＡＴＰ）を生産する細胞小器官。独自のＤＮＡを持つことから、原始の細胞が取り込んだ外部細胞を細胞内に共生させたものと考えられている。

② 多細胞生物

複数の細胞からなる真核生物のこと。個別の細胞の死を避けるのではなく、死ぬものはそのままにして他の細胞を生き延びさせるためのしくみを持っている。

真核細胞は核がしっかり守られている

■ 真核細胞の構造

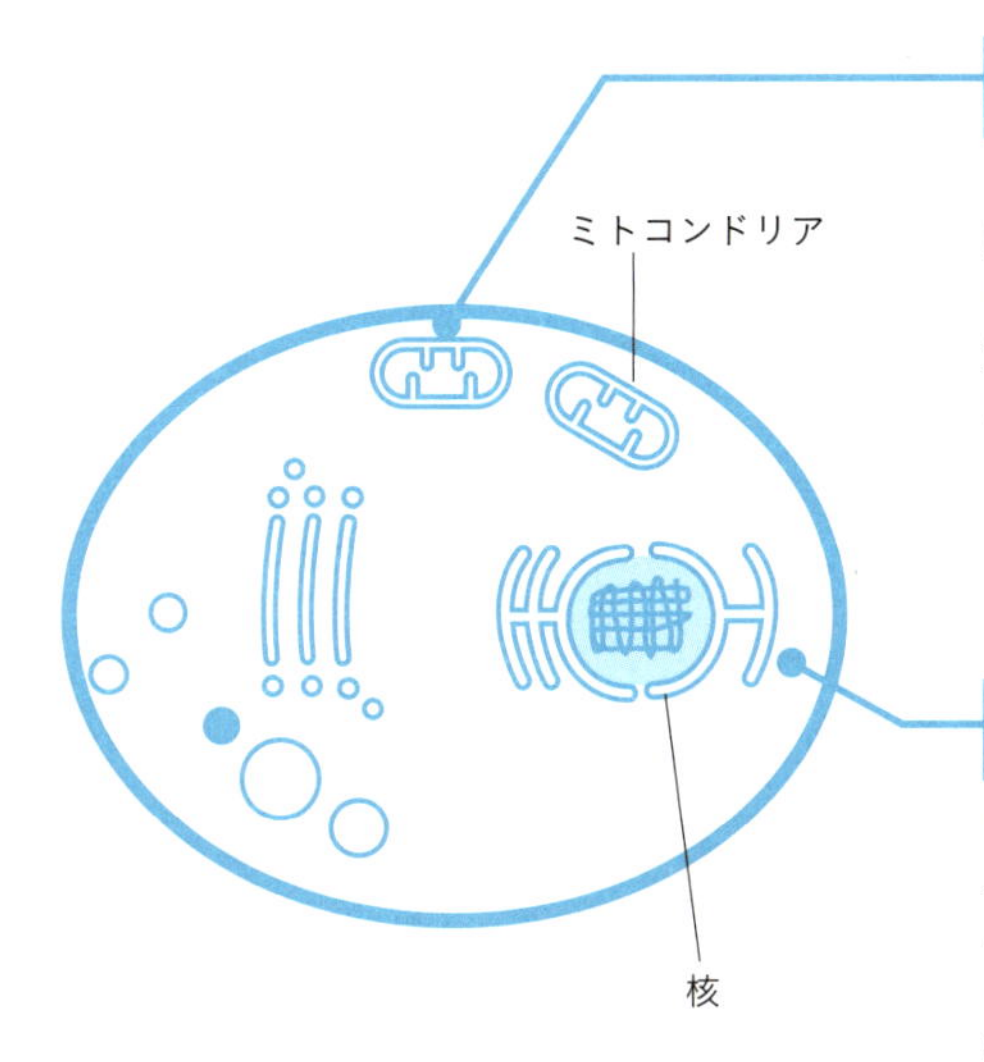

外部から取り込まれた細胞小器官

ミトコンドリアは原核細胞が真核細胞に発展するにあたり、外部から取り込んだ細菌の生き残りであると考えられている。

細胞核によってDNAを保護

ＤＮＡは酸素によって簡単に破壊されてしまうため、ミトコンドリアを取り込んだ細胞は細胞核の中にＤＮＡを保護するようになった。

もっと知りたい

細胞共生説

生物学者のマーギュリスが提唱した「ミトコンドリアや、光合成を行う葉緑体は細胞内に共生する外部細胞に由来する」という説。これらの細胞小器官は独自のＤＮＡを持ちます。

iPS細胞

多細胞生物は成長の過程で細胞を分化させます。そして細胞が骨や臓器などの役割を持つようになります。人工的に分化前の状態をつくり出し、いろんな役割を担えるようにしたのがｉＰＳ細胞です。

生物 06

人間は神様がつくり出したものではない!

進化の法則

多種多様な生物種がどのように誕生したのかを解き明かす発見よ

生物種は変化する

キリスト教をはじめとして、多くの宗教や神話では生物がそのままの形で神につくられたとしています。しかし、博物学や生物学の進歩とともに、現生生物や絶滅種の**化石**（①）などを観察した何人かの学者は、**生物の種は共通の祖先から時間をかけて少しずつ変化していった**のではないかと考えました。その中でも「種の起源」を書いた**チャールズ・ダーウィン**（②）は、現代的な**進化論**を最初に提唱した学者として知られています。

ダーウィンはハトやウマの育種家などを取材し、よい性質を持った個体同士をかけ合わせ、より優秀な個体を生み出すということが行われていることを知りました。そして、種が別の種に変化していくにあたり、自然界でもこれと同じようなことが起きているという仮説を立てました。これを**自然選択説**といいます。

KEY WORD

① 化石

生物の化石は、その出土した地層から年代を特定することができる。発見された化石を年代順に並べることで、生物が進化してきた過程を確認することが可能である。

② チャールズ・ダーウィン

イギリスの生物・地質学者。測量船ビーグル号に同乗し、ガラパゴス諸島や南アメリカ、アフリカ、オーストラリアなどの各地をめぐった成果から、進化論の基礎を築いた。

生物は別の特徴を持つ種へと進化する

■ウマの育種と進化は同じ?

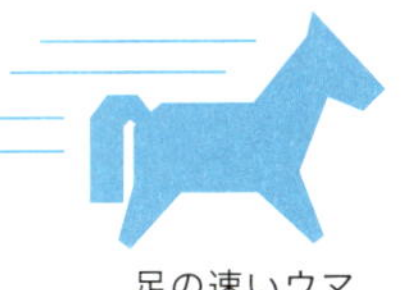

足の速いウマ同士をかけ合わせる

ウマの中から優秀なオスと優秀なメスを選び出してかけ合わせる「育種」は進化や遺伝のしくみが明らかでない頃から行われていた。

足の遅いウマ

自然界でも“育種”が行われる

育種による選別と同じような選択が自然界でも行われている。それをダーウィンは淘汰と適応による自然選択と考えた。

もっと知りたい

進化不可逆の法則

進化論を元にフランスの生物学者ドロが考え出したもので、進化によって一度失われた形質は、他の器官で代用されることはあっても、同じものへ再び進化することはない、という学説です。

人間の進化の痕跡

人体にも、進化してきた痕跡と思われるものが存在しています。尾てい骨は尾の痕跡であり、盲腸は草食だった頃の痕跡です。親知らずも顎の骨が小型化したことで不要になった歯なのです。

生物 07

親と似ていない子どもが生まれてくる!?

突然変異の法則

種が別の種に進化するための重大な要因よ

ダーウィンを困らせた「変異」

生物種の別種への進化は、親と違う形質を持つ子どもが生まれなければ起きません。生物の集団の中に、まれに変わった形質を持った個体が現れることを**変異**（①）といいます。この突然起こる変異が集団の中に広がっていくことで、集団が別の種へと変化していくのです。19世紀には、変異についての観察データが不足していてダーウィンは正しい説に到達できませんでした。

正しい学説は1901年、**ユーゴー・ド・フリース**（②）によって提唱されることになります。ド・フリースはオオマツヨイグサの観察から突如として変異が起きることを確認し、これを**突然変異**と呼びました。現在、変異はDNA複製の際のミスや化学物質や放射線によるDNAや染色体の損傷など、遺伝子に原因があるということが判明しています。

KEY WORD

① 変異

ダーウィンは、遺伝にはゲンミュールという粒子が作用していると考えた。そして、それが変化して変異が起きると提唱したが、メンデルの法則と矛盾するため否定された。

② ユーゴー・ド・フリース

オランダの植物学者であり遺伝学者。突然変異の学説を提唱した。また、認められていなかったメンデルの遺伝の法則を再発見し、その正しさを世間に知らしめた。

変異は遺伝子に原因がある

■ダーウィンの進化論

小さな変化の積み重ねで進化は起こる？

ダーウィンは小さな変化の積み重ねによって進化が起きると考えたが、メンデルの法則（164ページ）と矛盾した。

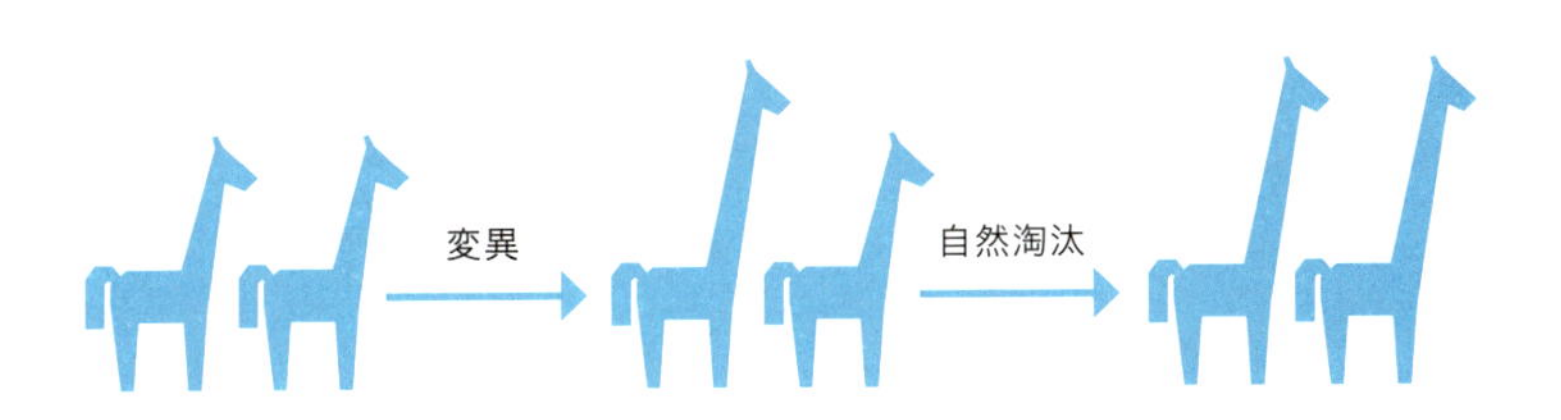

■ド・フリースの発見した突然変異

生物は突如として変異を起こす

ド・フリースの発見した突然変異により、親と異なる形質を持つ子が生まれる。

もっと知りたい

突然変異の発見

ド・フリースが突然変異を発見したきっかけは、空き地に咲く花でした。植物が育つのに向かない空き地で、適応するために変異した花を見つけ、その種子が形質を遺伝することを発見しました。

ダーウィンのピンチ

ダーウィンの進化論は、変化が子孫に伝わることが前提でした。そのためメンデルの法則で形質が子孫へ受け継がれていくことがわかると、理論が破綻するピンチに陥ってしまったのです。

生物 08 オーストラリアの生態系が独特になったわけ

適応放散の法則

環境への適応が異なる生態系を生んだの

自然への適応が進化の原因？

農家の行う「育種」（148ページ）のように、子孫を残す個体を選択することで進化が起きるとダーウィンは考えました。そして、**環境への適応こそが自然界における選択**であることを発見したのです。1つの生物種が環境に適応するため、さらに多数の種に分かれていくことを**適応放散**（①）といいます。

その最も有名な例がオーストラリアにおける**有袋類**（②）の進化です。オーストラリアの哺乳類は、大陸移動によって他の大陸から切り離されたことで独自の進化を遂げました。そして有袋類が環境に適応しその種を増やしたため、現在のオーストラリアに生息する哺乳類のほとんどは有袋類です。人間によって持ち込まれた生物種を除くと、有袋類以外の哺乳類はハリモグラなどの単孔類とコウモリの仲間しか生息していません。

KEY WORD

① 適応放散

アメリカの古生物学者ヘンリー・オズボーンによって提唱。オーストラリアの有袋類やマダガスカルのキツネザル、ガラパゴス諸島のダーウィンフィンチなどが例とされる。

② 有袋類

カンガルーなど、お腹にある袋で子育てをする哺乳類。1億年以上前に、有胎盤類と枝分かれしたとされる。北半球に生息していた有袋類はほとんど絶滅している。

1つの生物種から多数の生物種に進化する

■ オーストラリアでの適応放散

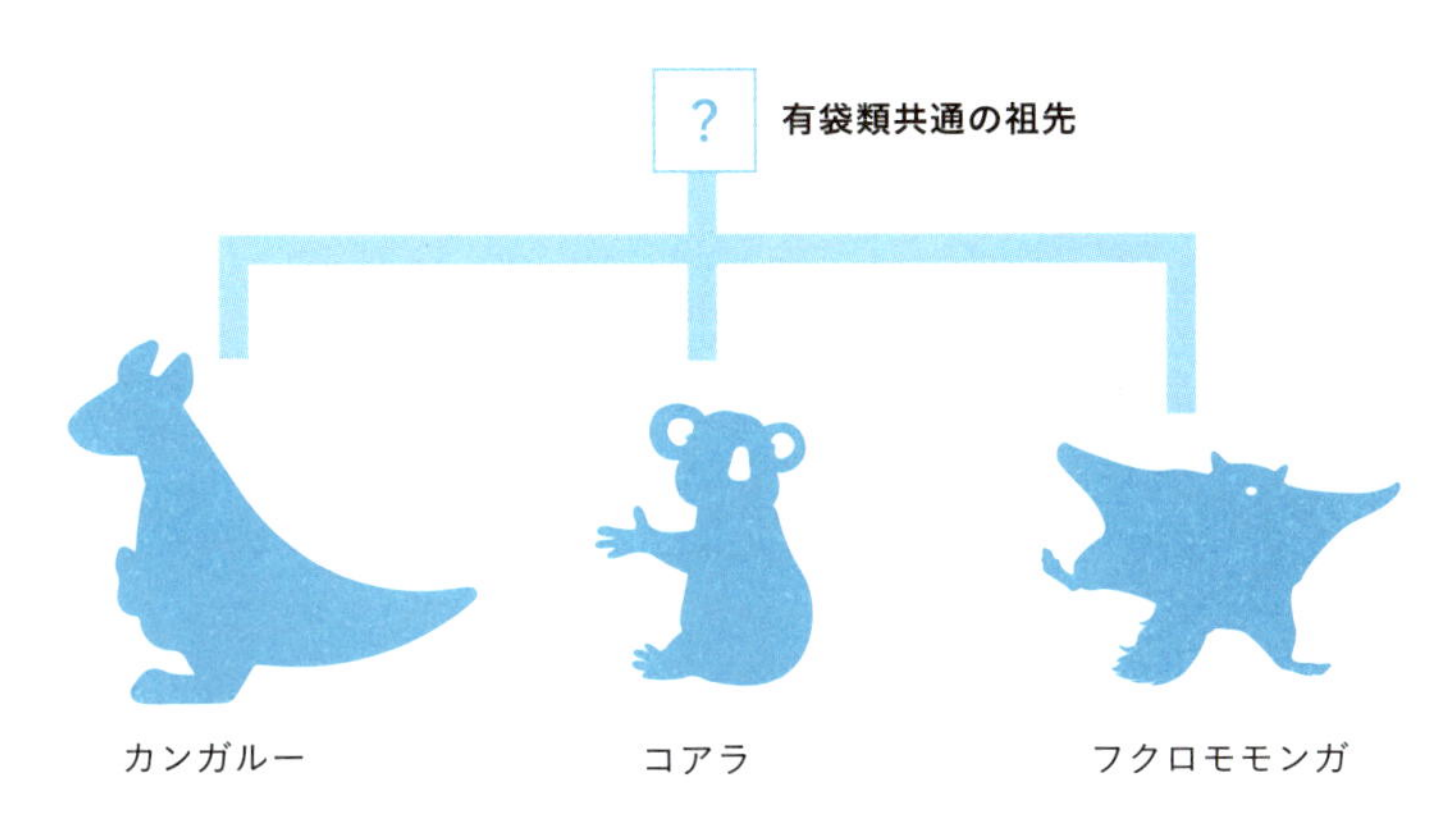

1つの種が適応し個体数を増やす

オーストラリアやガラパゴス諸島など、他の大陸や島から隔絶された地域では、1つの生物種から多数の生物種に進化する適応放散の例が観察できる。

先祖が違っても似た生物種が誕生する

フクロモモンガは、哺乳類のモモンガとそっくりだが異なる先祖を持つ。別の祖先を持つ生物が、同じような環境で進化したため似た形質を持つようになることを「収斂進化」という。

もっと知りたい

適応するため手足が変化

フロリダに生息するトカゲの一種は平地に生息していたが、外敵から逃れるため木の上で生活するようになりました。その後15年ほどで、手足が発達し木を登るのに向いた形質になったといいます。

くちばしの違う鳥

ガラパゴス諸島に生息するダーウィンフィンチという鳥は、生息する島によって食料が異なるため、それぞれに適したくちばしを持つように進化しました。進化論の着想はこの島から得られました。

生物 09

地球が1つの生物に覆い尽くされない理由

自然淘汰の法則

生存競争があるから個体数が増えすぎないのよ

生物は生き残るために競い合う

生物の生む子どもがすべて生き残れば、いわゆる**ねずみ算**（①）のように、その増加のペースは増えれば増えるほど急速に増えていきます。しかしその増え方にも限度があります。ダーウィンは、生物の個体数が限界を超えて増えないのは、自然界で生きている生物の間で**生存競争が起き、種の個体数を減らしているからだと考えました**。これを**自然淘汰**といいます。

ダーウィンは小さなスペースに20種の植物を植える実験を行い、成長力の強い11種類だけが生き残ることを確認しました。それだけでなく、他の生物の存在や自然環境によっては、**成長力の劣った種の植物も有利になる場合もあること**、あるいは**ヤドリギ**（②）という植物のように他の生物を利用することで競争相手より有利になることなど、自然淘汰の事例を確認していきました。

KEY WORD

① ねずみ算

ネズミが世代ごとに増加していく数を計算していく計算問題。２匹の親から始まっても数世代後には何億匹という膨大な数に到達することが単純な計算からわかる。

② ヤドリギ

他の木に寄生し、水や養分を吸い取る植物。巧みに他の生物を利用して生き残ってきたことから、強者以外も淘汰されない事がある例として取り上げられることが多い。

自然界では生存競争が起きる

■ 環境による成長度の違い

より大きく成長する樹木が有利になる

通常ではモミの木はヒースという木より大きく成長するため、より多くの日光を受けることができ、繁殖するために有利になっている。

環境が変わると有利な種も変化する

家畜がいる環境では、モミの木は食べられるなどして痛めつけられてしまい、大きく成長できないため、ヒースのほうが生存に有利になっている。

もっと知りたい

適者生存の法則

ダーウィンは自然淘汰を研究していく中で、同じ種の中でも生存競争に生き残るのに有利な個体は、子孫を残す機会が増えると考えました。

たとえば足が速く獲物を捕らえやすいライオンや、それから逃れられるぐらい足の速いシマウマなど、生存に適した能力を持つものが生き残ります。これを適者生存といい、ダーウィン進化論の核心となる概念でもあります。環境に適応し、有利な特徴を持つ適者が生き残ることで、種は進化していくとダーウィンは唱えたのです。

生物 10

交尾する相手はどうやって選ぶ？

性淘汰の法則

メスが魅力的なオスを選ぶため オスの形質が変わっていくの

同じ種の中でも競争がある

生き残るための生存競争だけでなく、同種の個体間で、多く子孫を残すための競争が自然界では行われています。その1つが**性淘汰**（①）です。

ダーウィンは自然淘汰の考え方だけでは、「オスの姿かたちは変わっていくが、メスはそのまま」という実際の自然界で見られる状況を説明できないと考えました。そこで、**メスが何世代にも渡って特定の性質を持ったオスを選ぶことでその子孫が変化していく**という「性」、つまり生殖における淘汰が存在していることに気づいたのです。この性淘汰は自然界では容易に観察できるもので、**ライオンのたてがみ**（②）やクジャクの羽根などの種ごとの異性へのアピールに見られます。中には生存競争の観点では一見すると不要なものも多く、虫の鳴き声などは異性へのアピールのためだけの行動です。

KEY WORD

① 性淘汰

種の間で争われる自然淘汰に対し、種の中で自分の子孫を残すために争った結果発生する淘汰の１つ。『種の起源』の中でも触れていたが、おもに執筆後に研究が進められた。

② ライオンのたてがみ

より黒く、フサフサのたてがみほどメスに好まれる。生存競争においても威嚇などに役立っているとされるほか、オス同士の戦いでもより黒く大きいたてがみを持つほうが強い。

同種の個体間でも競争がある

■メスへのアピールのための進化

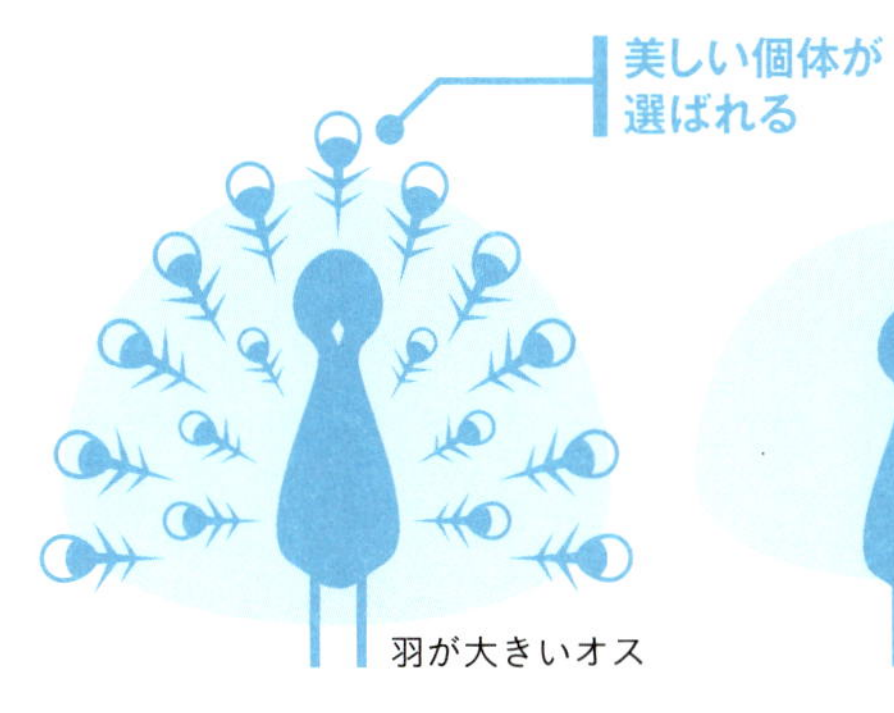

クジャクのメスはより大きくきれいな尾羽根を持つオスを選ぶ本能を持つ。

評価基準は生物によってさまざま

クジャクのような美しさ以外にも、肉体的な強さや鳴き声の美しさなど、メスがオスを（あるいはオスがメスを）選ぶ基準は種によって異なる。

もっと知りたい

より直接的な性淘汰

本文中では異性による配偶者の選択のみに着目しました。しかし自然界では同性間で争い、より優位に立った者が異性を獲得することもよく見られます。サルのボス争いなどは同性間競争の顕著な例です。

ヒトの体毛が減ったわけ

ダーウィンはヒトの体毛が進化とともに減少したのも、体毛が薄い異性を好んで選択した性淘汰の結果と考えました。女性のほうが体毛が薄いため、この場合オスがメスを選ぶという珍しい例です。

生物 11

ハチやアリはなぜ他者のために働くのか?

ハミルトンの法則

自分と同じ遺伝子を残すため
女王の子を育てるのね

働きバチは姉妹を助ける?

ダーウィンは自然淘汰で生き残った個体が、子を残すことが進化につながると考えました。しかし生物の中には、自らの子をつくらない個体も存在します。ミツバチ(1)などがその例で、働きバチはメスですが自分の子を産むことはできません。女王バチの子を育てるため働き、時には自ら犠牲となって巣を守るのです。

このような生物の利他的な行動は、どのように進化したのでしょうか? 生物学者のハミルトン(2)はこの行動を血縁者、つまり同じ遺伝子を持つ個体を助けるための遺伝子の働きであると考えました。ミツバチなどの働きバチは、自分と同じ遺伝子を持つ女王バチを助け、子孫を残させることで、自分と同じような遺伝子を持つ子孫を残すのです。このハミルトンの法則を血縁淘汰説、あるいは血縁選択説といいます。

KEY WORD

(1) ミツバチ

ミツバチのコロニーは、1匹の女王バチとその子どもからなる。働きバチはメスで姉妹。特別な餌を与えられたメスの個体は、次世代の繁殖を受け持つようになる。

(2) ウイリアム・ハミルトン

エジプトで生まれたイギリスの進化生物学者。生物の利他的行動を進化の観点から説明するなどさまざまな理論を打ち立て、20世紀のダーウィンと呼ばれた。

遺伝子を残すため、血縁者を助ける

■ハチの遺伝のしくみ

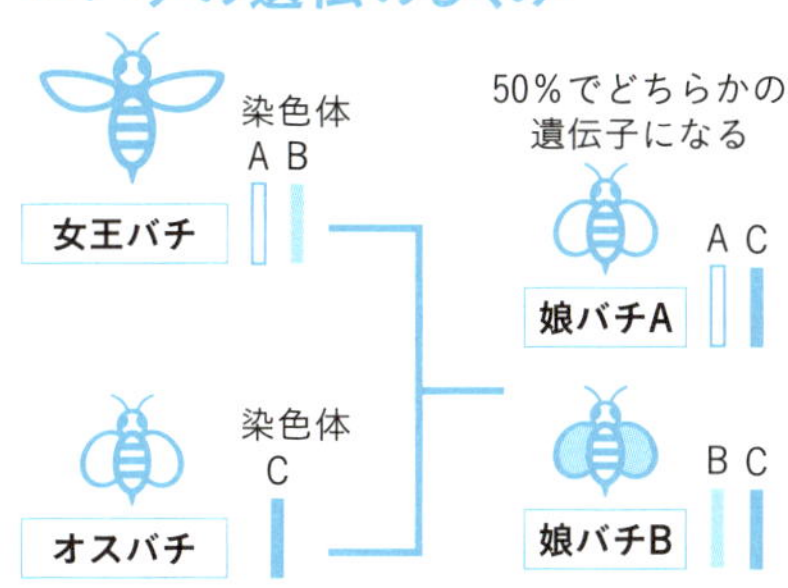

ハチの姉妹は遺伝子が似ている

人間の男性は女性と同じ本数の染色体を持つが、ミツバチのオスはメスの半分しか染色体を持たない。そのため、メスバチには父親の染色体がすべて引き継がれ、姉妹の遺伝子は人間の姉妹より似通う。

■働きバチ姉妹の遺伝子

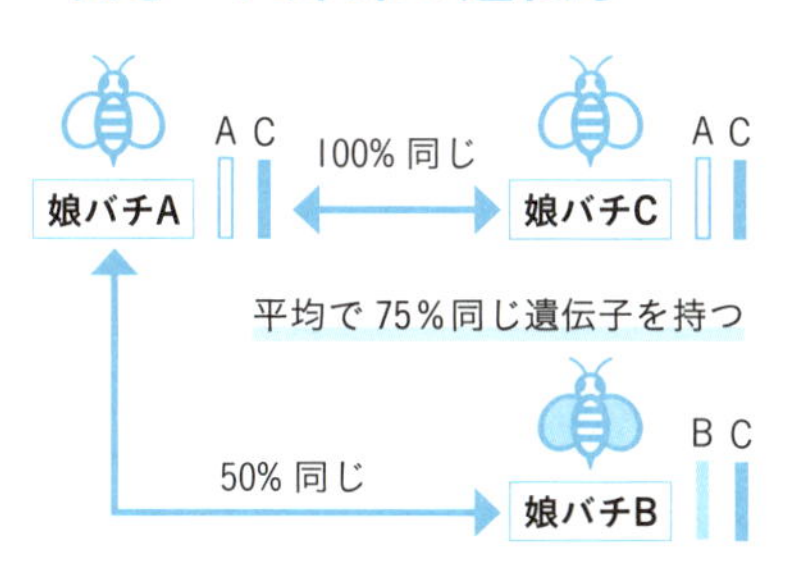

働きバチにとっては姉妹のほうが近縁

メスである働きバチにとっては、自分の子よりも姉妹である次の女王バチを残すほうが、より遺伝子の近い子孫を残すことにつながる。

もっと知りたい

オスバチの親

オスバチは受精しない卵から生まれ、父親がいません。オスバチの遺伝子は１００％母親である女王バチと共通になります。これはハチやアリなど半倍数性の昆虫に見られる特徴です。

利己的な遺伝子

生物個体の遺伝子を残すための行動は、時には個体自身を不利にするように見えます。遺伝子が持ち主である個体を操っているように見えることから、「利己的な遺伝子」と表現する人もいます。

生物 12

一部の生物に当てはまるだけの無意味な法則

コープの法則

進化論の研究が進む過程には間違った法則も存在したわ

進化するほど生物は大型化する？

「生物は環境への適応や自然淘汰によって進化する」というのがダーウィンの進化論ですが、それに対して異なる見解を示す学者も存在します。W・ハーケは「生物は環境や自然淘汰とは関係なく一定の方向に進化する性質を持つ」という**定向進化説**（①）を唱え、**コープ**（②）も化石の研究から同じような説を唱えました。

コープは「1つの生物の系統の中では、進化の過程で後になるほどより大きい種が出現する」という**コープの法則**を提唱しました。実際にゾウやウマの進化をたどっていくと、より大型化していくことがわかります。コープはこれを定向進化説の根拠としましたが、よく調べてみると、進化するにつれて体が小型になっていった種がいることがわかりました。そのため、**現在では定向進化説は受け入れられていません。**

KEY WORD

① 定向進化説

系統発生説とも呼ばれる。定向進化とは、一度生物の進化がはじまるとある程度同じ方向への進化が続くことで、これを生物がもともと持っている特徴であるとする説である。

② エドワード・コープ

アメリカの古生物学者。脊椎動物の化石を研究し、1000種以上の新種を報告。最古の哺乳類の化石も発見している。コープの法則は限定的には当てはまるとされている。

生物は進化の過程で巨大化する

ウマの進化における体高の変化

時代	種名	体高
6000 万年前	エオヒップス	30cm
3600 万年前	メソヒップス	60cm
2500 万年前	メリキップス	100cm
100 万年前	エクウス	125cm

進化が進むと体高も大きくなる

ウマは進化するにつれて体高が大きくなってきたことが化石からわかっており、この点ではコープの法則も正しいといえる。

蹄の指の数も進化とともに減少

ウマは体高が大きくなるとともに、ひづめが４指から徐々に減少していき、エクウスに至ると現在のウマと同じ１指となった。

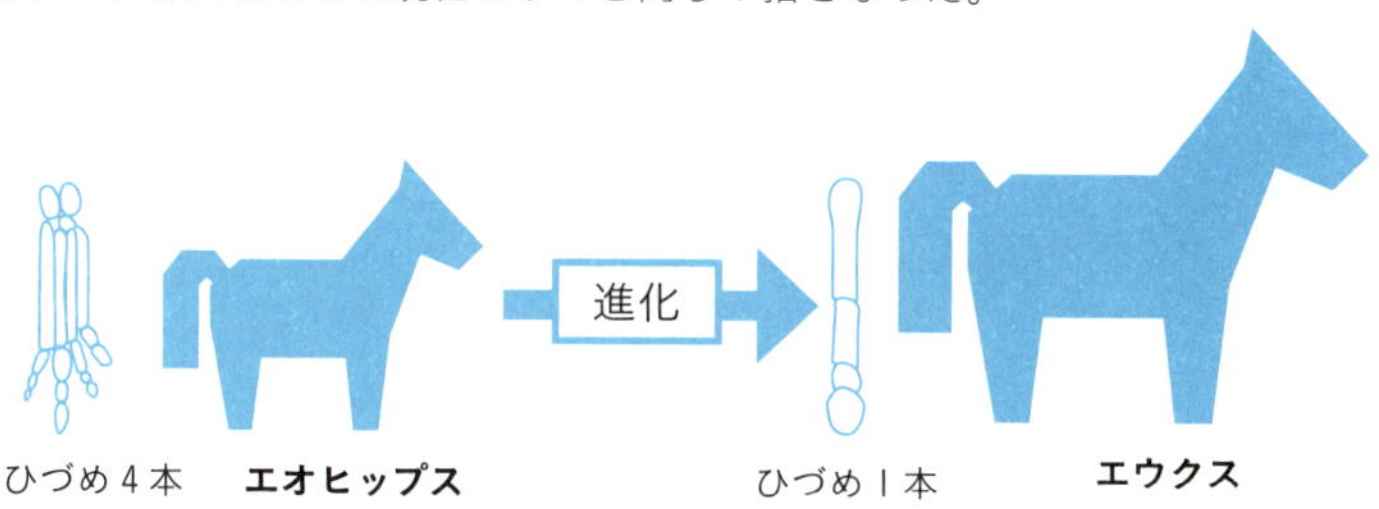

もっと知りたい

その他の進化論

19世紀末にはドイツの地理学者モーリッツ・ワグナー（1813～1887）が、完全に新しい種が誕生するためには、地理的な隔離が必要であるという隔離説を唱えました。

ラマルクの用・不用説

ジャン＝バティスト・ラマルクは、18世紀に世界で初めて生物の進化を本格的に体系化しました。よく用いる器官が発達し、用いない器官が退化するという理論で、用・不用説と呼ばれています。

生物 13

ダーウィンの解けなかった謎を解く

遺伝の法則

メンデルの偉大な発見は
危うく忘れられるところだったの

親から子への遺伝がなぜ起きるのか

ダーウィンが進化論を唱えた頃は、親から子へ、子から孫へと**形質**（①）が引き継がれていくという**遺伝**の現象については知られていたものの、詳しいメカニズムは不明でした。なぜ必ず親と同じ種が生まれるのか、なぜ兄弟の形質が異なる場合があるのかは、解明されていなかったのです。

それを初めて研究し、明らかにしたのが**グレゴール・メンデル**（②）です。エンドウマメの遺伝を研究したメンデルによって、遺伝をつかさどる因子、つまり「遺伝子」という概念が生み出されました。遺伝子によって親の形質は正しく子に伝えられ、また両性生殖を行う生物では、両親の遺伝子が交じることで子の形質が定まるのです。メンデルのこの発見により、遺伝子こそが進化をつかさどるということがわかったのです。

KEY WORD

① 形質

個体の大きさや色、形などのこと。形質には遺伝するもの、しないものがあり、遺伝する形質のことを遺伝形質という。一般的に形質といえば遺伝形質のことを指す。

② グレゴール・メンデル

オーストリアの修道士で、エンドウマメの遺伝を研究した。発見した法則を1865年に論文として発表したが、死後の1900年に至るまで、その発見は顧みられなかった。

遺伝をつかさどるのは遺伝子

■ 子への遺伝

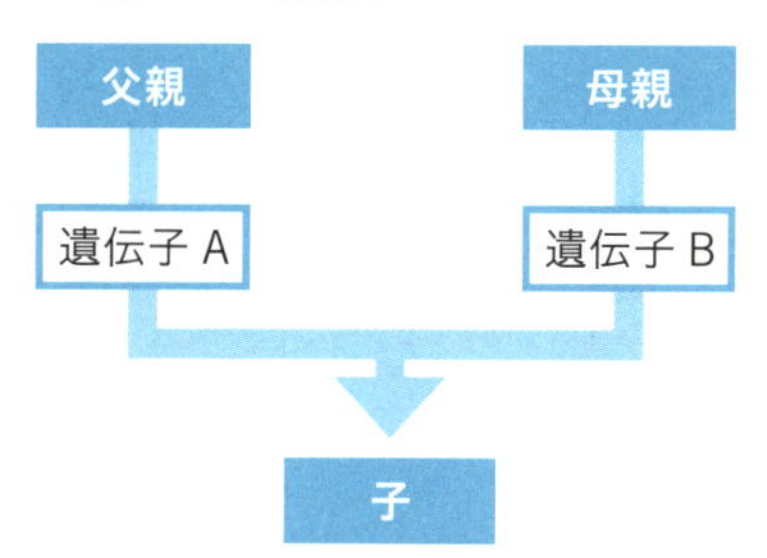

遺伝子 A と B の形質を引き継ぐ

遺伝子を用いて生物の形質が伝えられる

両親から子へと形質を伝えるための因子である遺伝子は生物の設計図といえる。

■ 形質の現れ方

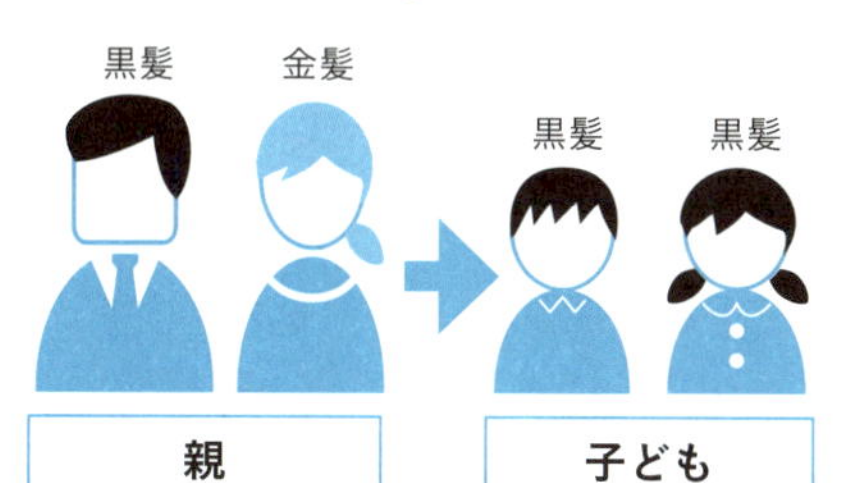

親　子ども

発現する形質は法則に従う

両親から引き継いだ 2 種類の遺伝子のうち、どちらの形質が表に現れるかは、164 ページ以降の法則に従う。

もっと知りたい

修道院

当時の修道院は安定した資産を背景に、教育機関や研究機関、そして医療機関としての役目も担っていました。メンデルが所属した修道院も、他に哲学者、数学者、鉱物学者などが所属していました。

遺伝研究の歴史

昔から人類は、有利な形質を持った作物の品種同士を交雑させるなど、品種改良のために試行錯誤を重ねてきました。しくみのわからないなりに、遺伝を活用する技術が使われていたのです。

生物 14 遺伝子の謎に迫る

メンデルの第一法則（優劣の法則）

遺伝子が発現するかどうかを明らかにした法則よ

優性の遺伝形質が表に現れる

メンデルは、エンドウマメの形質を伝える7つの**対立遺伝子**（①）について研究しました。たとえば種子の形は「丸」と「しわ」の2種類があり、かならずどちらかの形となります。丸になる遺伝子をA、しわになる遺伝子をaとすると、両親からそれぞれいずれかの遺伝子が伝わり、2つを組み合わせた**遺伝子型**（②）によって種子の形が定まります。

この時の遺伝子型は「AA」「Aa」「aA」「aa」の4通りとなりますが、前3つはすべて丸となり、「aa」のみがしわとなります。発現の強さにおいてAがaを上まわっているということから、Aが優性であり、aが劣性であるということがいえます。

これがメンデルの発見した法則のうち、第一の法則である「**優劣の法則**」となります。

KEY WORD

① 対立遺伝子

金髪の遺伝子と黒髪の遺伝子のように、遺伝子の中で同じ位置を占めている、対立した形質を伝える複数の遺伝子のこと。片方が発現すれば、もう片方の遺伝子は発現しない。

② 遺伝子型

遺伝子の組み合わせのこと。対立遺伝子の組み合わせなどで、持っていても表に発現していない遺伝子も含まれる。発現している遺伝形質のみを表す場合には「表現型」という。

発現する遺伝子としない遺伝子がある

■エンドウマメの種の形における優劣の法則

丸い種としわの種の比率

メンデルは種子の形の発現型の比率が3：1になることから、種子の形に関する対立遺伝子の概念と、丸がしわに対して優性であることを発見した。

エンドウマメの7対の対立形質

形質の種類	両親（P）	F_1（雑種第1代）	F_2（雑種第2代）優性形質	F_2（雑種第2代）劣性形質	F_2の分離比（優性：劣性）
①	黄色×緑色	黄色	黄色=6,022	緑色=2,001	3.01：1
②	丸×しわ	丸	丸=5,474	しわ=1,850	2.96：1
③	有色×無色	有色	有色=705	無色=224	3.15：1
④	ふくれ×くびれ	ふくれ	ふくれ=882	くびれ=299	2.95：1
⑤	緑色×黄色	緑色	緑色=428	黄色=152	2.82：1
⑥	腋生×頂生	腋生	腋生=651	頂生=207	3.14：1
⑦	高×低	高	高=787	低=277	2.84：1

①子葉の色　②種子の形　③種皮の色　④熟したさやの形
⑤さやの色　⑥花のつき方　⑦茎の高さ

もっと知りたい

致死遺伝子

細胞や生物を死に至らしめる遺伝子のこと。ハツカネズミでは毛の色を黄色にさせる遺伝子と灰色の遺伝子が存在しますが、黄色遺伝子が2つ揃うとその個体は死んでしまいます。

血液型

ABO式の血液型では、A型とB型の遺伝子が優性でO型が劣性です。AOやBOの遺伝子型は発現型がA型、B型となり、AB型とOO型の場合は遺伝子型と発現型が同じになります。

生物 15
両親に似ていない子が生まれるわけ

メンデルの第二法則（分離の法則）

一度ペアになった遺伝子が次の世代で分離するのよ

孫が祖父母に似ることがある？

優劣の法則で説明した通り、**優性遺伝子**（①）とともに存在する劣性遺伝子は発現しません。ではその場合の劣性遺伝子に意味がないかというと、そうではないのです。前項で説明した丸い種子の遺伝子型のうち、「Ａａ」のものだけを交配させて次の世代をつくる場合を考えましょう。この場合、第１代**F_1**（②）はいずれも丸い種子ですが、その次の第２代F_2では遺伝子型が「ＡＡ」「Ａａ」「ａａ」の３種類となり、種子がしわのものが全体の１／４出現します。これは、一対になった遺伝子型が、子の世代に伝わる際に２つに分離して伝わるためです。この場合では遺伝子「Ａ」と「ａ」のいずれかが１対１の比率で子に伝わるのです。これを「**分離の法則**」といいます。親の世代では発現していなかった特徴が次の世代で現れることもあるのです。

KEY WORD

① 優性遺伝子

優性遺伝子を優れた、生存に有利な形質を伝えるものという印象を受ける人が多いが、優性であるのは形質の発現についてのみであり、形質自体の優劣に関係はない。

② F_1

雑種第１代を表す記号。Ｆは英語で子を示すfilialの頭文字を示す。また、ここでは優性遺伝子を大文字、劣性遺伝子を小文字で表している。次世代はF_2で表す。

発現しない遺伝子も次世代に引き継がれる

■エンドウマメの遺伝における分離の法則

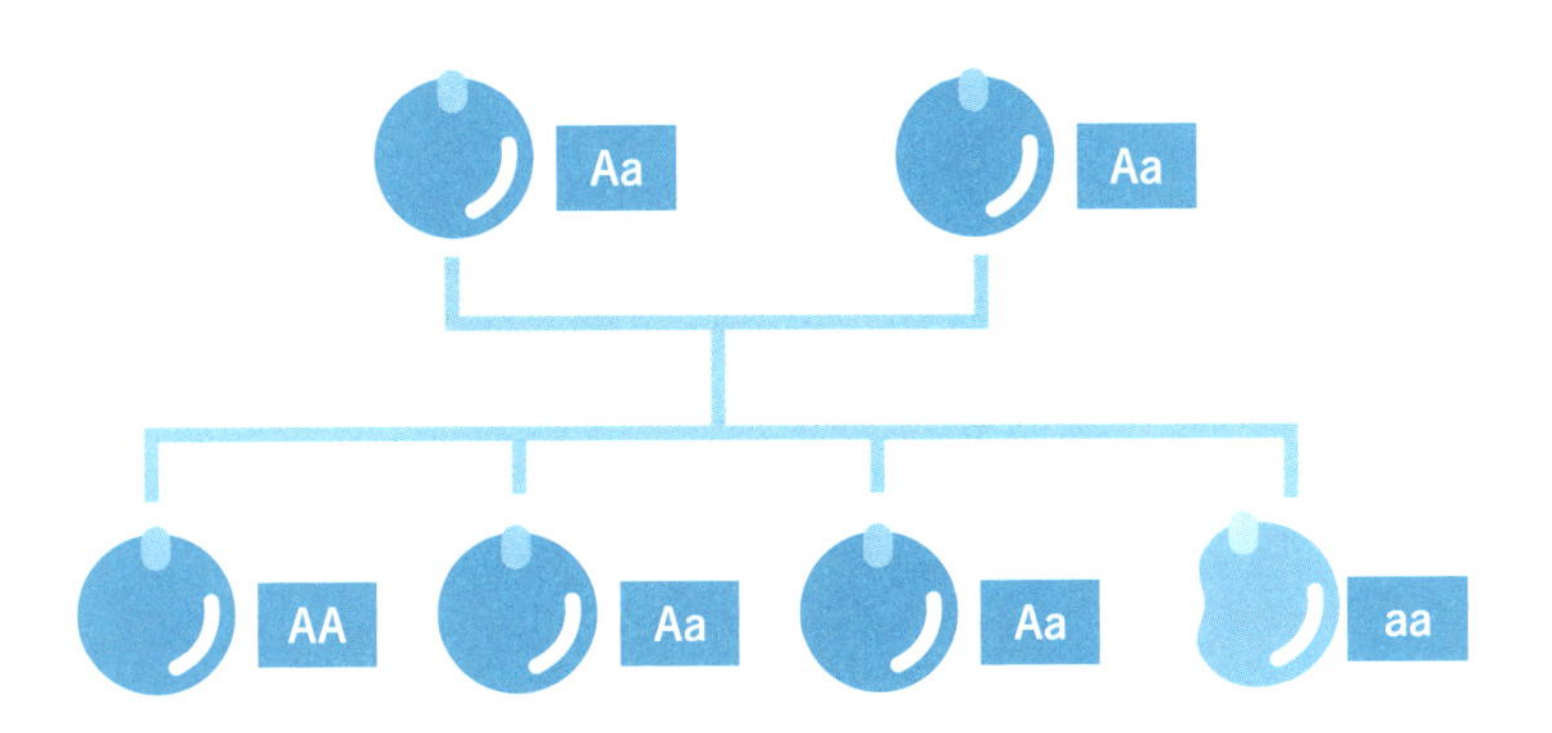

ペアの遺伝子が分離する

両親から1つずつ受け継いだ遺伝子は、次の世代に伝える際には2つにわかれ、それぞれ1つずつが子に伝わる。

親にはなかった形質が発現

AAとaaの遺伝子を持つ親を交雑させた場合、F_1の遺伝子型はすべてAaとなるが、F_2においてaaの遺伝子型が再び発現する。

もっと知りたい

不完全優性

メンデルの例外の1つ。優性と劣性の関係が不完全だと、対立形質をかけ合わせた時にその中間の形質が発生します。赤色と白色のマルバアサガオを交配すると桃色の花が生じるといった例があります。

補足遺伝子

2種類（もしくはそれ以上）の対立遺伝子が補い合うことで形質が発現するもの。スイートピーでは色素の元をつくる遺伝子とそれを色素に変える遺伝子が揃った時のみ花が紫色になる。

生物 16

色とかたちは独立に遺伝する

メンデルの第三法則（独立の法則）

遺伝子同士の関係ではなく、無関係を示した法則ね

一見すると当たり前？

メンデルの**独立の法則**は、「種の形」と「さやの色」など、**異なる遺伝形質を伝える2組の対立遺伝子は互いに影響を与えない**というものです。種の形を決める遺伝子Aとa、豆のさやの色を決める遺伝子Bとbがあった場合、種の形の発現にBとbは一切関係しません。そのため2つのエンドウマメをかけ合わせた時、種の形・さやの色の両方で優性と劣性の割合が3：1で発現したとすると、**（AとB）①**：（aとB）：（Aとb）：（aとb）の組み合わせは、単純に計算通り9：3：3：1になります。

ただし、**この独立の法則に従わない遺伝子もあります。**たとえばさやの色を決める遺伝子と、背の高さを決める遺伝子が**連鎖②**していると、黄色いさやを持つ子は背が高い傾向がある、ということがあり得ます。

KEY WORD

② 連鎖

特定の対立遺伝子の組み合わせが、一緒に遺伝すること。別の形質を伝える遺伝子が同じ染色体上にある場合に発生。異なる染色体上にある場合、基本的に独立の法則に従う。

① （AとB）

生まれてきた子の種の形もさやの色も優性であるということ。どちらも3：1で優性・劣性が発現していた場合（AとB）とどちらも劣性である（aとb）の比は9：1になる。

連鎖していなければ無関係に遺伝する

■エンドウマメにおける独立の法則

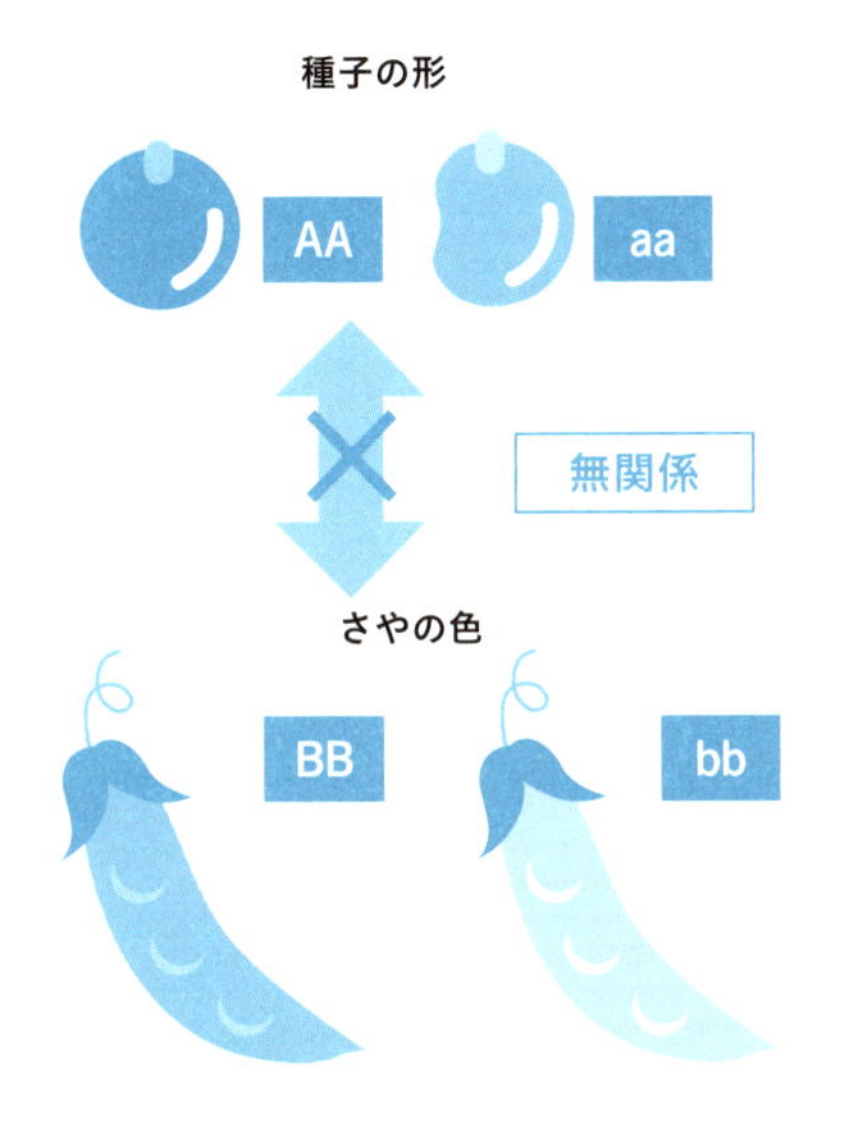

種子の形を決める遺伝子はサヤの色に影響しない

種が丸型でもしわのある形であっても、それはサヤの色に関係なく、逆もまた関係しない。

独立の法則には例外も存在する

２つの遺伝子の間に、独立の法則が適用されない場合、それらの遺伝子は同じ染色体上にあると考えられる。

もっと知りたい

遺伝を左右する染色体

染色体とは、遺伝の元となる情報が含まれた細胞小器官のことを指します。染色体が親から子へ引き継がれることで、遺伝が起こるのです。基本的には両親から半分ずつの遺伝子を引き継ぎますが、父親からもらった染色体と母親からもらった染色体は、子の細胞内でそれぞれ対応しています。対応する2本の遺伝子を、相同染色体といい、相同染色体中の遺伝子が優性であるか劣性であるかよって、形質が決定されるのです。染色体はこの形質の決定に大きな役割を果たしています。

生物 17

遺伝をつかさどる存在を暴き出せ!

DNAの法則

生物に含まれるDNAという分子が遺伝子の正体なのよ

DNAの構造と情報伝達方法の発見

メンデルによって**遺伝子**(①)の概念が提唱された後、遺伝子の正体が何であるかの研究が進められました。20世紀初頭には染色体の中に遺伝子が存在することが判明し、1944年に遺伝子の正体は**DNA**という物質であることがわかりました。そして1953年、ジェームズ・ワトソンとフランシス・クリックという2人の学者がDNAの二重らせん構造を発見したことで、遺伝のしくみがついに解き明かされたのです。

DNAはデオキシリボースおよびリン酸という物質と、4種類の**塩基**(②)によって構成されており、この塩基の組み合わせによってつくられるタンパク質を指定します。つまり、DNAの塩基の組み合わせが親から子へと受け継がれることで、遺伝情報が子にも伝わり、さまざまな形質が遺伝するのです。

KEY WORD

① 遺伝子

「遺伝子(gene)」という名称は1909年に生み出された。また、染色体自体はメンデル以前に発見されていたが、染色体上に遺伝子があると発見されたのも同じ時期。

② 塩基

DNAという長い分子は、塩基という部品が多数連なってできている。アデニンとチミン、グアニンとシトシンの4種類の塩基がDNAを構成する部品として使われる。

DNAは二重らせん構造

■DNAの構造

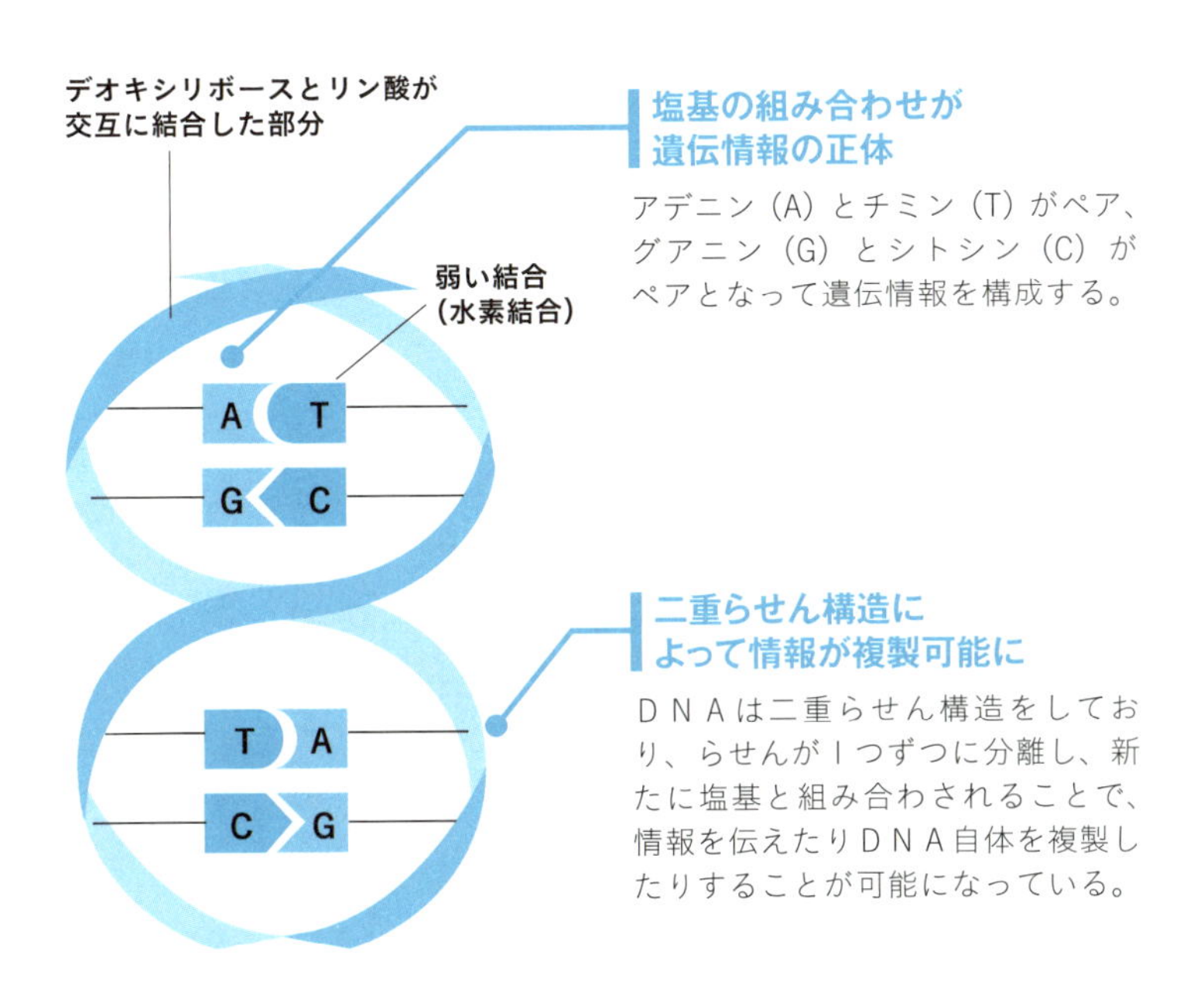

デオキシリボースとリン酸が
交互に結合した部分
弱い結合
（水素結合）
A
T
G
C
T
A
C
G
塩基の組み合わせが
遺伝情報の正体
アデニン（A）とチミン（T）がペア、グアニン（G）とシトシン（C）がペアとなって遺伝情報を構成する。
二重らせん構造に
よって情報が複製可能に
ＤＮＡは二重らせん構造をしており、らせんが１つずつに分離し、新たに塩基と組み合わされることで、情報を伝えたりＤＮＡ自体を複製したりすることが可能になっている。

もっと知りたい

二重らせんの発見

アメリカ人のワトソンとイギリス人のクリックは、ＤＮＡの構造を解明するため、Ｘ線写真とブリキでつくった分子の構造模型を使って研究していました。研究は難航し一時は中断させられたものの、その時ワトソンが研究していたウイルスのタンパク質のらせん構造から2人は二重のらせん構造をひらめき、歴史的な大発見が成し遂げられました。この発見のような「分子構造を元に情報伝達という形のないものを研究する」という分野は、それまでの生化学にはありませんでした。

生物 18

タンパク質をつくり出すためのマルチな働き者

RNAの法則

DNAに似ているけれど、協力して多彩な働きをするのよ

タンパク質合成に関わる3つのRNA

RNAはDNAと同じ核酸の一種です。細胞の中では、さまざまなRNAが多種多様な仕事を受け持っています。そのうち、DNAの持つ情報を元にタンパク質をつくるためのRNAは、おもに3種類あります。

メッセンジャーRNA（mRNA）は細胞核の中にあるDNAの塩基配列をコピーし、**リボソーム**（①）へと伝える役割を持っています。トランスファーRNA（tRNA）はタンパク質合成に必要なアミノ酸をリボソームの中に運び込む役割を担います。mRNAの**コドン**（②）とtRNAのアンチコドンが結合することで、mRNAが指定するアミノ酸が届けられます。最後のリボソームRNA（rRNA）はリボソームを構成するRNAで、tRNAの運んできたアミノ酸をmRNAの指示通りにつなぎ合わせ、タンパク質を合成します。

KEY WORD

① リボソーム

細胞質の中にあるタンパク質合成のための器官。P部位とA部位という2つの部位にアミノ酸を持つtRNAを接続し、アミノ酸同士をつないでいき、タンパク質を合成する。

② コドン

mRNA上の3つ組の塩基。アミノ酸を指定する他、どの部分からタンパク質合成を開始、終了するかを指定する。tRNA上でコドンと対になる部分をアンチコドンという。

RNAがDNA情報を伝達

■タンパク質合成における遺伝情報の動き

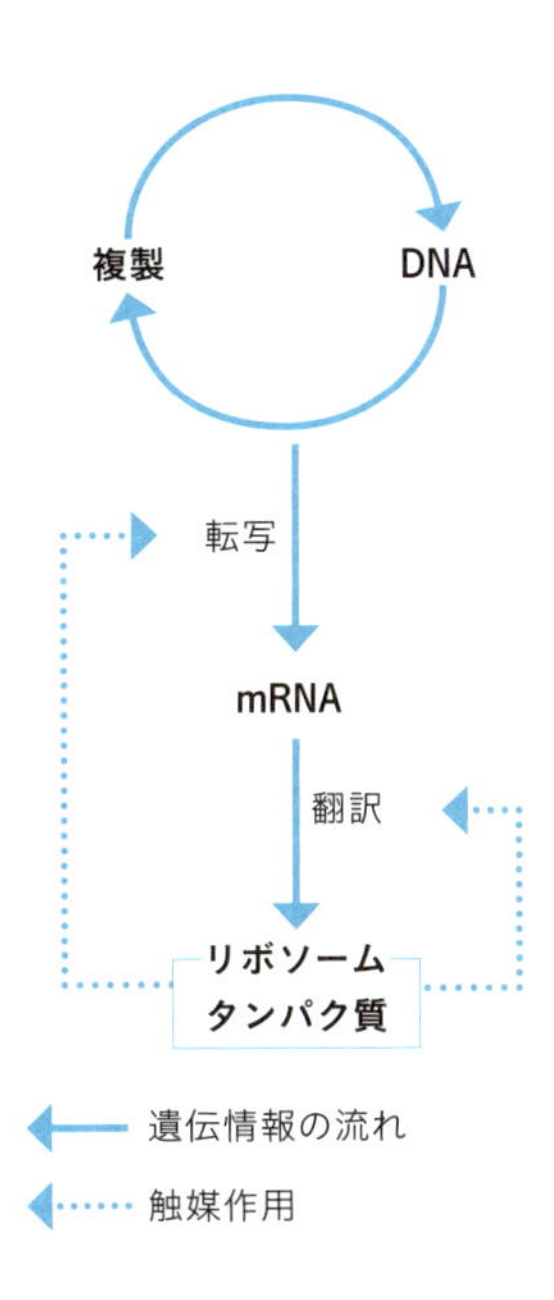

DNAの情報を「転写」し「翻訳」する

m RNA が DNA の情報を写し取ることを「転写」、といい、その情報を元にリボソームにタンパク質をつくるための情報を渡すことを「翻訳」という。

細胞核の中のDNAからリボソームへ伝達

ＤＮＡは細胞核の外に出られないため、ｍＲＮＡが伝達役としてＤＮＡの持つ遺伝情報を細胞質の中にあるリボソームへと伝える。

ＲＮＡワールド説

原始の地球に登場した生物においては、遺伝情報を担っていたのがＤＮＡではなくＲＮＡであったのではないかという説。ＲＮＡを構成しているリボースという物質は、ＤＮＡを構成しているデオキシリボースより、生物のいない環境でも生まれやすいことから、原始のスープの中でＲＮＡがつくられやすかったのです。また、ＤＮＡに比べてＲＮＡは多彩な役割を担うことができる点も重要。ただしこれはあくまでも学説の１つで、まだ解明されていない点も多いです。

生物 19

100年後の血液型割合も予測できる!?

ハーディ・ワインベルグの法則

実験できない大きい集団での遺伝についての法則よ

特殊な要因がなければ変化しない

ある生物の個体の形質は、どのようにその種全体に広がっていくのでしょうか？ その疑問に答えたのが**ハーディ・ワインベルグの法則**（①）です。これは、突然変異が起きず、**遺伝子頻度**（②）が変化しない場合、形質の現れる率は一定であり、世代を超えて変化しない、というものです。つまり、ある花のある世代で白い花と赤い花の比率が7：3だった場合、次の世代でも、次の次の世代でもその比率は変わりません。

身近な例でいうと、日本全体における血液型の比率は、世代を超えても変化しないということが挙げられます。

このように、メンデルのように実験を行えない集団の中において遺伝がどのように働くのか、という研究を行う学問を集団遺伝学といいますが、ハーディ・ワインベルグの法則は集団遺伝学のはじまりとなる発見でした。

KEY WORD

① ハーディ・ワインベルグの法則

1908年にドイツの医師ヴィルヘルム・ヴァインベルクが、その翌年にイギリスの数学者ゴッドフレイ・ハーディがそれぞれ別に論文を発表したため、2人の名前がつけられた。

② 遺伝子頻度

一定の集団の中で、ある対立遺伝子が含まれる割合のこと。遺伝子頻度は交配の比率を作為的に変更したり、突然変異や淘汰、外部からの流入などによって変化する。

形質は一定の割合で現れ、世代を超えてもその割合は変化しない

■遺伝子型の出現率

世代を重ねても、遺伝子の出現する割合は同じ

何らかの外的要因や突然変異が起きない限り、赤い花の出現率は一定になる。

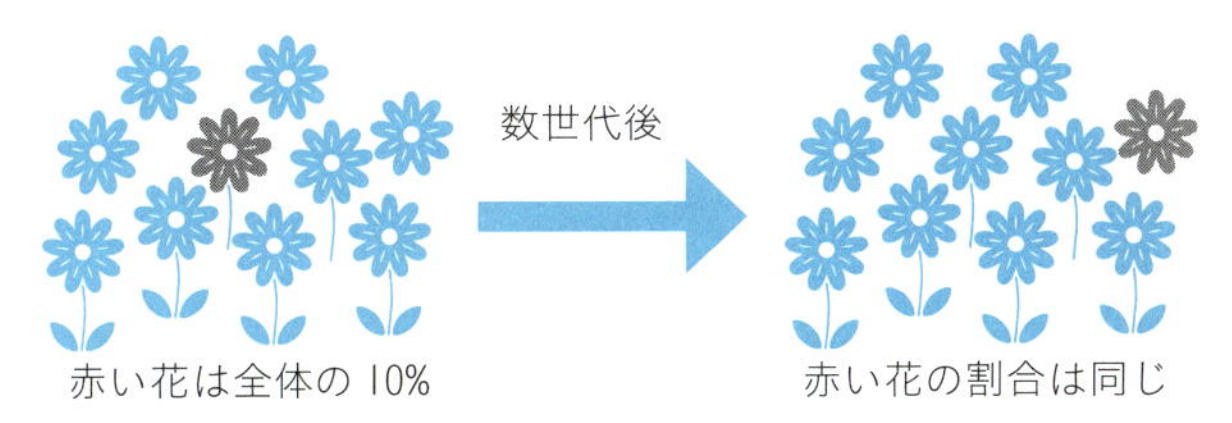

■血液型の出現頻度予測と統計

ハーディ・ワインベルグの法則と統計値

ABO式血液型	赤血球の抗原	血清の抗体	遺伝子型	H・Wの予測値	統計値
A	A	抗B	AA、AO	1,725,425 (39%)	1,725,950 (39%)
B	B	抗A	BB、BO	998,507 (22%)	998,996 (22%)
O	なし	抗A、抗B	OO	1,305,924 (29%)	1,305,924 (29%)
AB	AB	なし	AB	444,979 (10%)	444,479 (10%)

特定集団内の血液型の割合は予測できる

人口の移動が大きくない国の血液型比率を調べれば、ハーディ・ワインベルグの法則に従っていることが確認できる。

もっと知りたい

連名の法則となったわけ

この法則について先に発表したのはヴァインベルク。1908年にドイツ語の論文を発表しました。一方のハーディはそれとは別に翌年に発表したが、英語であったために先に受け入れられ、当初は「ハーディの法則」と呼ばれたそうです。ヴァインベルクの論文が見直されたのは1943年のことで、それ以降は法則を両者の名前で呼ぶことになりました。ドイツ名ヴァインベルクの英語風表記はワインバーグとなるはずですが、なぜかワインベルグという表記が広まっています。

生物 20

母親の胎内で進化をたどる?

ヘッケルの反復説

個体の発生は系統発生を繰り返す

進化の過程を反復する?

古い生物学の見方では、生物の進化は微生物の発生からはじまり、魚類、両生類、爬虫類……という系統に従うと考えられていました。一方、ヒトの胎児は母親の体内において、古生代の軟骨魚類のようなエラが発生する段階、中生代の爬虫類のようなヒレが指へと進化する段階、尾骨が突き出て毛が生えている新生代の原始哺乳類のような段階、というように、あたかも進化の各段階を反復しているように成長していきます。

このことは**ヒポクラテス**（①）やアリストテレスの時代から知られていましたが、「**反復説**」といったのは19世紀の生物学者**エルンスト・ヘッケル**（②）で、この現象を「個体発生は系統発生を繰り返す（反復する）」と表現しました。ただし、進化や発生の研究が進んだ現在では、この経験的であいまいな法則は時代遅れです。

KEY WORD

① ヒポクラテス

古代ギリシャの医師。それまでの医術に含まれていた迷信や呪術的な治療を切り離し、臨床を重視して医学を科学としたことで「医学の父」とも呼ばれる。

② エルンスト・ヘッケル

ドイツの生物学者であり医師。数千種の新種を発見したことや、後にナチスが利用した優生学につながる主張をしたことでも知られる。哲学者としての一面を持つ。

生物 21

DNAのしくみを暴くはじめの一歩になった

シャルガフの法則

アデニンとチミン、グアニンとシトシンの組同士の比率は生物によって一定

DNAを研究するための基礎となった

DNAの構造を解明したワトソンとクリックの分子モデル（171ページ参照）に大きな影響を与えたのが、オーストリア出身の生化学者**エルヴィン・シャルガフ**（①）が発見した**シャルガフの法則**です。

彼は酸による処理でDNAから塩基を抽出すると、それを**クロマトグラフィー**（②）で分析。その結果、DNAを構成する4つの塩基のうち、アデニンとチミンの割合、そしてグアニンとシトシンの割合が等しいこと、そしてそれぞれの組同士の比率が、生物によって一定であることを発見しました。ワトソンとクリックはこのことから、DNAの中で塩基がそれぞれ対になっていること、さらにそれは生物ごとに決まった形を持っていると考え、分子モデルを作成しました。つまり、DNAの構造を考える上で、非常に重要な根拠となったのです。

KEY WORD

① エルヴィン・シャルガフ

オーストリア・ハンガリー帝国生まれの生化学者。イェール大学やベルリン大学、パスツール研究所などを経て米国コロンビア大学でDNAを研究した。

② クロマトグラフィー

大きさや質量、電荷など、物質ごとに異なる特性を利用することで、混合物質からそれぞれの物質を分離させる方法。物質の性質によってさまざまな手法が存在する。

生物の大きさは緯度と関係がある?

22 ベルクマンの規則

寒い地域に生息する動物ほど大型化する

体温を保つための進化

ドイツの生物学者**クリスチャン・ベルクマン**(①)は「恒温動物は同じ種でも寒冷な地域に生息するものほど体重が大きくなる」、そして「近縁な種の中では大型の種ほど寒冷な地域に生息する」という規則を発見しました。たとえばクマの仲間では**ホッキョクグマ**(②)は大きいが、ヒグマ、ツキノワグマと生息地域が温暖になるにつれて体格が小さくなるというわけです。

これは、動物の体内で発生する熱の量が体重=体積に比例するのに対し、放熱する量は体表面積に比例する、ということが原因です。つまり体長(身長)が増加すると、体重はその3乗で増えていきますが、表面積は2乗でしか増えません。そのため体長が大きくなるほど、体重あたりの表面積が小さくなり、より熱を体内に保ちやすいというわけです。

KEY WORD

① ベルクマン

ドイツの生物学者であり生理学者。生物の環境への適応に着目し、ベルクマンの規則は、アレンの規則、グロージャーの規則とともに「適応三規則」と呼ばれる。

② ホッキョクグマ

クマ科の中では最も大きな体を持つ。ホッキョクグマのオスの体重は400～600kg。東南アジアに生息するマレーグマは体重50kgほどでクマ科最小である。

生物 23

砂漠に住むラクダのコブはなぜできた!?

レンシュの法則

脂肪のつき方は気候によって変化する

量ではなく分布に秘密がある

ベルクマンの規則は体温の維持に関して、体重や体格に着目しましたが、**体温の維持には脂肪も大きな役割を果たしています**。脂肪組織は断熱性が高いため、皮下脂肪として存在していれば、寒冷な環境でも体温が奪われにくくなる一方、暑い環境では体温が上がりすぎてしまう原因にもなります。同時に、脂肪は燃焼することで熱を発生することもできます。「寒い地方では脂肪を蓄え、暑い地方では脂肪を減らす」と考えそうになりますが、脂肪はエネルギー源としても水分を蓄える場所としても重要です。そのため、**恒温動物**（①）は寒冷地であれば皮下脂肪として体内に広く分布させ、温暖な気候になるほど1カ所にまとめて蓄えるようになります。これを**レンシュの法則**といいます。1カ所に脂肪をまとめるのは、**ラクダのコブ**（②）などが代表的な例です。

KEY WORD

① 恒温動物

人間のように周囲の温度に関わらず一定の体温を保てる動物のことを、恒温動物という。恒温動物が多い鳥類・哺乳類でも、例外的に恒温動物でないものがいる。

② ラクダのコブ

ラクダのコブは一点に固まることで体温の放出をしやすくしているほか、太陽の日差しから体を守る効果もあると考えられている。しばらく餌を食べないとコブは消失する。

生物 24

北のほうに行くと耳の大きい動物はいない!?

アレンの規則

寒冷地に生息する恒温動物ほど突出部が短い

突出部から放熱される

ベルクマンの規則と同じく、同種の個体間における気候・気温に対する適応の例が**アレンの規則**です。**ジョエル・アレン**（①）が発表したもので、「恒温動物において、同種もしくは近縁のものでは、寒冷な地域に生息するものほど突出部が短くなる」というものです。

この法則によると耳や口（吻）、首、足、尾といった突出部は、大きいほど表面積が増え、熱を多く放出することになります。寒冷地では体温を奪われると同時に、突出部の体温を維持するのも難しくなります。人間の体でも、耳や手足の先など、突出した部分が**凍傷**（②）にかかりやすいことはご存じでしょう。

逆に熱帯地方など、暑い地域に住む動物では、耳や尾が大きくなって放熱し、自動車のラジエーターのように体温が上がりすぎるのを防ぐ役割を担っています。

KEY WORD

① ジョエル・アレン

1838年生まれ、アメリカの動物学者。北米に生息するノウサギの耳および尻尾の長さと、生息地の気温の関係について調査し、アレンの規則を発見した。

② 凍傷

低温により皮膚や皮下組織にダメージが生じる障害。低温になると血管が収縮し、血行が阻害されてさらに体温が低下する。氷点下まで体温が下がると組織が壊死をはじめる。

生物 25

生物の色を左右しているのも緯度だった!

グロージャーの規則

哺乳類や鳥類の体色は寒冷地ほど薄くなる

↓紫外線が少ないとメラニンが少ない

グロージャーの規則とは「哺乳類や鳥類の体色は、寒い地方にいくほど薄くなる」というものです。たとえば日本に生息するシジュウカラという鳥は、関東に生息するものは明るい色をしていますが、沖縄に生息するものは黒っぽい色をしています。

体色を左右するのは色素の**メラニン**(①)の量で、赤道付近に生息する動物は体毛や羽毛の中のメラニンが多くなっています。これは、紫外線の照射量と関わっています。紫外線は体内で**ビタミンD**(②)を合成するために必要ですが、浴びすぎると皮膚がんなどの原因となります。メラニンは紫外線に対するフィルターの役割を担い、必要以上の紫外線を体内に通さないようにしています。日焼けや雪焼けで肌が黒くなるのは、紫外線を通さないようメラニンが増加しているためです。

KEY WORD

① メラニン

生物が紫外線から身を守る方法として、体毛や羽、分厚い皮膚で体を覆うという手段がある。しかし人類はどちらも持ち合わせないため、メラニンが重要な防御手段となる。

② ビタミンD

必須栄養素の1つで、小腸や腎臓でカルシウムとリンを吸収しやすくする働きがある。それによって血液中のカルシウム濃度を保っているため、不足は骨粗しょう症の原因にもなる。

3 時間目

恋愛も遺伝子次第?

生物のテスト

なまえ

／100

生物の知識がどのぐらい身についたのか、生物のテストに挑戦してみよう！
問題は 1 問 20 点。答えは 184 ページにあるよ。

1 リン脂質・膜タンパク質の役割は?

原核生物の細胞膜において、リン脂質と膜タンパク質が果たした役目は何か。下線部を埋める形で答えよ。

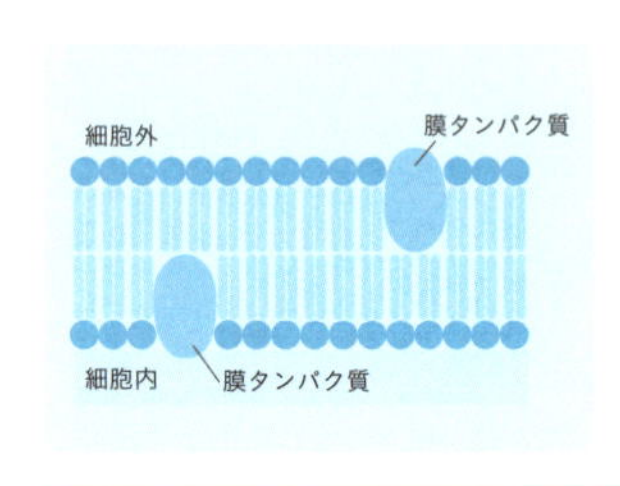

リン脂質

＿＿＿＿＿＿の頭部を外に向けることで、体内と外界を隔てた。

膜タンパク質

膜中に点在することで特定の物質を＿＿＿＿＿＿させた。

2 原核生物はどちらか?

A と B のうち、原核生物はどちらか？　また、各部の名称を答えよ。

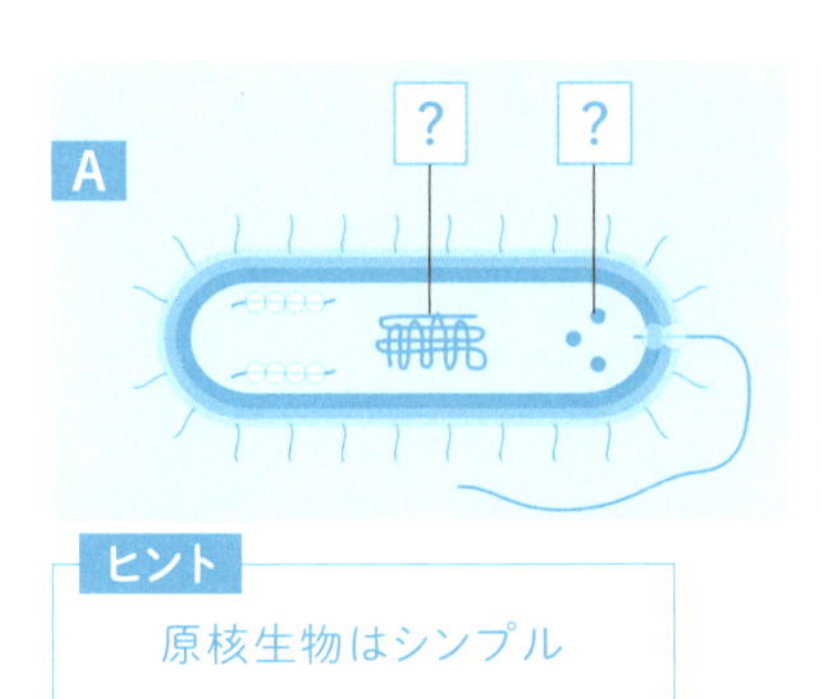

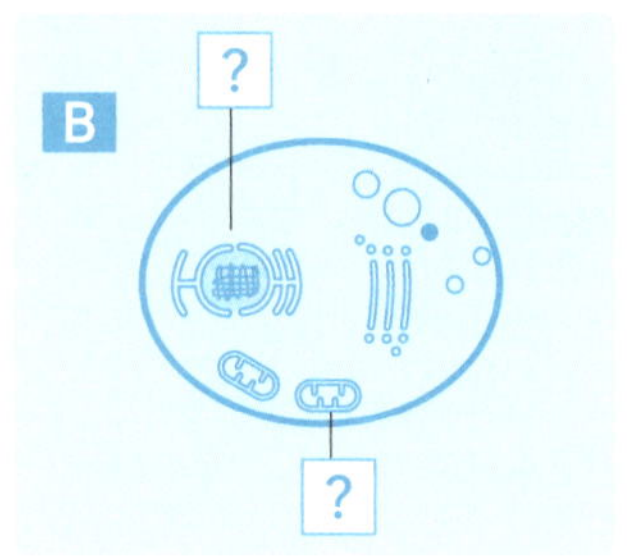

ヒント

原核生物はシンプル

3 生まれてくる子の形質は?

エンドウマメの形質において、A と a が対立遺伝子の場合、Aa の遺伝子型を持つエンドウマメの形質はどちらになるか?

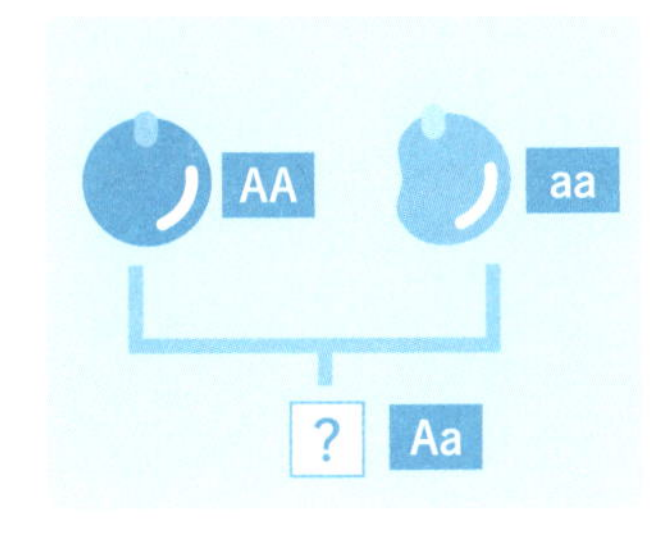

4 DNAの構造を答えよ

遺伝には DNA が大きな役割を果たしていることがわかった。DNA の働きについて、下線部を埋める形で答えよ。

DNA は＿＿＿＿＿構造をしており、

＿＿＿＿＿の組み合わせによって

遺伝情報を伝達する。

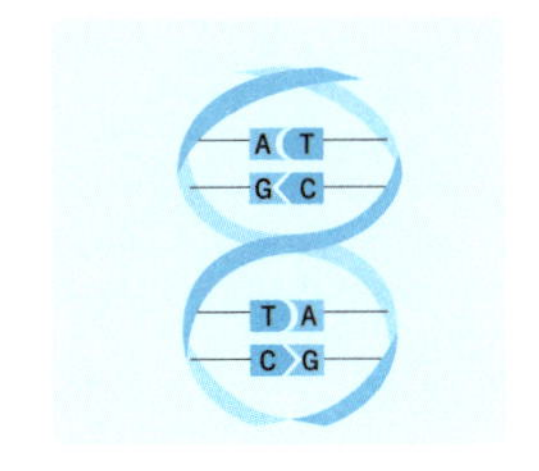

5 mRNAの役割を答えよ

右の図の空欄でm RNA が果たす役割の名前を答えよ。

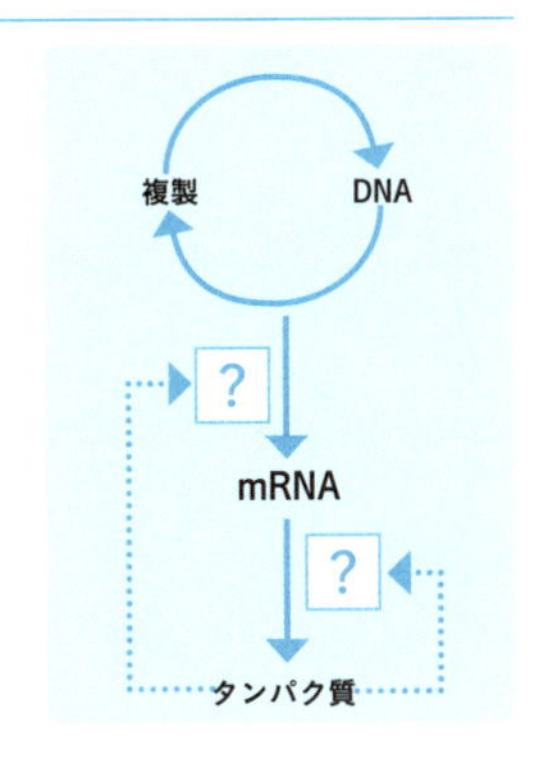

生物のテスト

答え

Answer

1 A：親水性、透過

太古の昔、有機物から原核生物が誕生した。誕生に際して大きな役割を果たしたのがリン脂質と膜タンパク質である。

リン脂質は親水性の頭部によって、細胞膜を形成した。

膜タンパク質は膜中で、特定の物質を透過させた。

2 A：原核生物はA

核様体、リボソーム、
核、ミトコンドリア

原核生物はよりシンプルな構造をしたA。タンパク質をつくる器官であるリボソームと、DNAを格納する核様体を持つ。

Bの真核細胞の核は、細胞膜によって守られているのが特徴。細胞内にミトコンドリアを持つ。

3 A：Aの形質

2つの対立遺伝子を持つ時、優性なほうの遺伝子の形質が発現する。

エンドウマメのしわのあるなしは、対立遺伝子により発現する形質。しわがあるほうが劣性なので、Aaの遺伝子型を持っていてもしわがあるエンドウマメにはならない。

4 A：二重らせん、塩基

遺伝をつかさどるDNAの構造は二重らせんをしていることがわかっている。

二重らせんは必要に応じて2つにわかれ、塩基をむき出しにすることで、遺伝情報を伝達する。

塩基は4種類あり、それぞれに対応する塩基を引き寄せることで、情報伝達が可能になる。

5 A：転写、翻訳

DNAは二重らせんをほどくことによって塩基をさらけ出す。そこに対応する塩基ができると、さらにそれに対応する塩基ができて、DNAは複製されていく。

mRNAはDNAから遺伝情報を読み取り（転写）、その情報を他の器官に伝えて（翻訳）タンパク質をつくり出す。

地学の時間

星で価値観が変わる?

Geoscience

3日後、無事期末テストを終えたふたりはリカコ先生にキャンプへ呼び出された
無事進級もできたしリカコ先生に誘われるし最近いいことばっかりだなー

ふたりっきりだったらもっと良かったのに
むっかー
わるかったわね邪魔で!
ほんとムカつくんだから
それにしてもケイコちゃん
本当にフミオくんのことが好きなのね
あせっ
そっ…そんなことないですよ
……

だっていつも
フミオくんのこと
見てるじゃない
ニコ
ニコ
見てたんですか!?
性格悪いなアンタ
フミオは
小さい頃からの
幼馴染なんです
バカだけど
困っている時は
いつも助けて
くれて……
よし
わかった!
にまっ
先生がひと肌
脱いであげるわ
3日後
ふたりで○○県の
キャンプ場に来てね
大丈夫かな
変なことに
ならなければ
いいけど
ガシっ

集合場所はこの辺って聞いているけど……
ザッ
ふたりとも！よく来てくれたわね！
……先生こんな山の中でも白衣なんですね
そうよこれは休日用の白衣なの
ふふん
家でも白衣なのか……

今日は星を見たくてふたりを誘ったの

もうすぐ暗くなるからきれいに星が見える場所に行きましょう
天体観測！楽しそうですね

わー
きれい！
こんなに
きれいに
星が
見えるんだ
ザザ
ァ

ね、とっても
きれいでしょ
にこ
はっ…
ドキン…
先生！
おれっ…
リカコ先生の
こ……
ふたりは
惑星って
知ってる？
と…
地球とか
火星とか
金星ですよね
ほっ

そう
太陽を中心に
公転して
るんだけど
オリオン座
などの
他の星たちと
違って
変わった動きを
するの

先生
そんなこと
より……
わっ
そう！ 一見
大したことじゃ
ないように
見えるけど
この星の動きが
大発見に
つながって
いくのよ

ふたりは
天動説って
知ってる？
がくーっ
昔に
信じられていた
地球を中心に
天体が公転してる
っていう考え方
ですよね

地球が中心？
太陽が中心に
決まってる
じゃん
げそっ

学校で習って
そう知っているけど
自分たちがいる地球が
太陽の周囲を
まわっているなんて
中々信じられないわよ
そんな当時の
常識を覆す
きっかけと
なったのが
惑星の動きを
観察していた
天文学者
コペルニクスなの
コペルニクス
ポーランド出身の天文学者。
カトリックの司祭でもある。
画期的な学説である「地動説」を発表し、
天体に関する人々の考え方を一変させた。

地動説の太陽系：太陽が中心
特徴：シンプルでわかりやすい
天動説の太陽系：地球が中心
特徴：複雑な形をしている
彼は地動説で
複雑な
惑星の動きが
すっきり説明
できることを
示したのよ

理科が世の中の常識を変えたんですね
そうね
思い込みに囚われず観察を重ねることで思わぬ発見があるものよ
そしてその発見は人々の人生を豊かにするわ

ドキッ
パチン
フミオくんも身近なところに人生を豊かにしてくれる大きな発見があるかもしれないわね

リカコ先生……おれ大事なことにやっと気づけました
ドクン…
ドクン…

自分が理科を
大好きに
なっているって
おれ、理科の
研究者を
目指します
ドドン

あっけ…

キラッ
こうしてフミオは
のちに大発見をする
文系出身の科学者と
なったのだった……？

は～～…

地学 01

まわっているのは地球？　天体？

ガリレオの相対性原理

地動説の疑問を解決してくれる運動に関する法則よ

高い塔から落としたら、遠くに落ちる？

地球が太陽の周りを公転して、なおかつ自転もしているというのが**地動説**（①）です。この考えは、当初一般に受け入れられませんでした。自分の足元にある大きな地球がくるくるまわっているなんて、簡単には信じられませんよね？　地動説に反対する人は、「地面が動いているなら、落下中に地面が動いてしまうために、物体は真下に落ちずに遠くへ落ちるだろう」と考えました。

しかし、電車に乗っている人が手に持っている物体を下に落としても、物体は足元に落ちるだけですよね？　これは人も物体も、電車の外から見れば同じ速度で動いているから。このように外から見て**等速直線運動**（②）をしていれば、外と同じ物理法則が働くのです。これを「**ガリレオの相対性原理**」といいます。冒頭の例でいえば地面も塔も一緒に動いており、物体は真下に落ちるのです。

KEY WORD

① 地動説

地球は太陽の周りを自転しながら公転しているという学説。ポーランド出身の天文学者・コペルニクスによって提唱された。当時主流だった天動説を覆す学説だった。

② 等速直線運動

加速を受けず、一定の速度でまっすぐ進む運動のことをいう。物体に力が加わらない時に、物体がこの運動をすることを慣性の法則（26ページ）という。

等速直線運動をしていても、同じ物理法則が成り立つ

■ 等速直線運動をしているのはどっち?

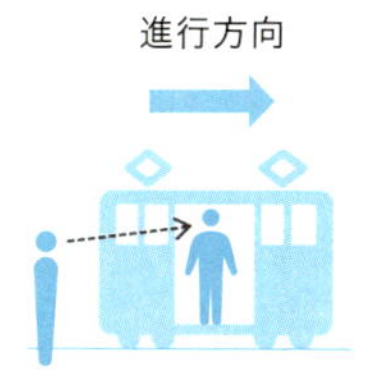

外にいる人から見ると
電車が移動している

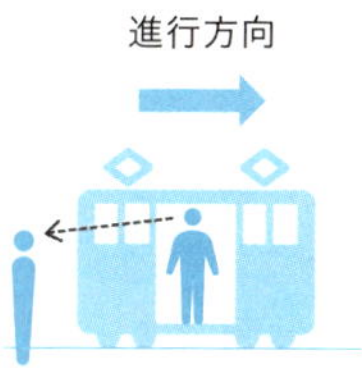

電車の中から見ると
外にいる人が遠ざかる

電車から見ると外にいる人が等速直線運動

外にいる人から見れば電車は等速直線運動をしている。しかし電車に乗る人からは、外にいる人が等速直線運動をしているように見える。

■ 電車の中でも足元にリンゴは落ちる

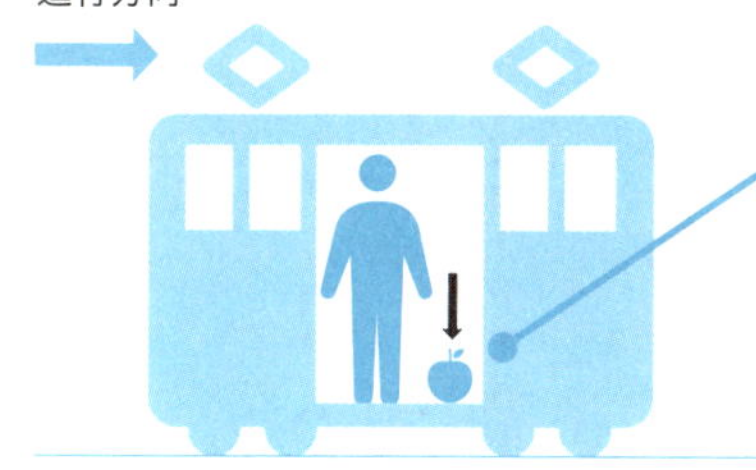

電車の中でも外と同じ物理法則が成り立つ

電車に乗る人から見れば、車内の物体は外にいる時と同じように慣性の法則（26ページ）や落体の法則（38ページ）が成り立つ。

もっと知りたい

自転を利用するロケット

地表の物体や人はすべて同じ速度で動いているので、地球の自転の力を実感することは難しいもの。だがロケットを発射する場合は、自転の向きにそって発射すると、少ない燃料でも宇宙に対して大きな速度が出ます。

特殊相対性理論

ガリレオの相対性原理は光速度一定の法則（66ページ）と矛盾します。これを解決し、光も相対性原理で説明したのがアインシュタインの特殊相対性理論（68ページ）です。

地学 02

惑星の軌道を説明する

ケプラーの第一法則（楕円軌道の法則）

惑星の動きを
観測を重ねて解明した法則よ

惑星の動きを精度よく説明

オリオン座などの星座の形は変わることがありません。恒星は相対的な位置を変えないからです。しかし金星や火星といった惑星は、星座の間を一見不規則に動きまわります。この惑星の動きを体系的に説明した法則を**ケプラー（①）の法則**といいます。

ケプラーの法則は3つの法則からなり、第一法則は、「惑星は太陽を**焦点**（②）の1つとする楕円上を動く」というもの。ケプラーは火星の観察から、6年かけて惑星の軌道が楕円であることを突き止めました。ケプラーの法則が発表された当時は、円を最も美しい図形と考えていたため、惑星の軌道が楕円を描いていることに人々はショックを受けたといいます。しかし、惑星が楕円軌道を描くと仮定することで、予測しづらい惑星の動きを体系的に説明できるようになったのです。

KEY WORD

① ヨハネス・ケプラー

オーストリア出身の天文学者。大学で地動説を学び、その証明に注力する。ケプラーの法則の発見には、師であるティコ・ブラーエの残したデータが大きな役割を果たしたという。

② 焦点

楕円とは2つの焦点からの距離の和が一定となる円のこと（次ページ参照）。惑星軌道は太陽を焦点とする楕円であるが、もう片方の焦点には何も存在しない。

惑星の軌道は太陽を焦点とする楕円である

■ 楕円とは?

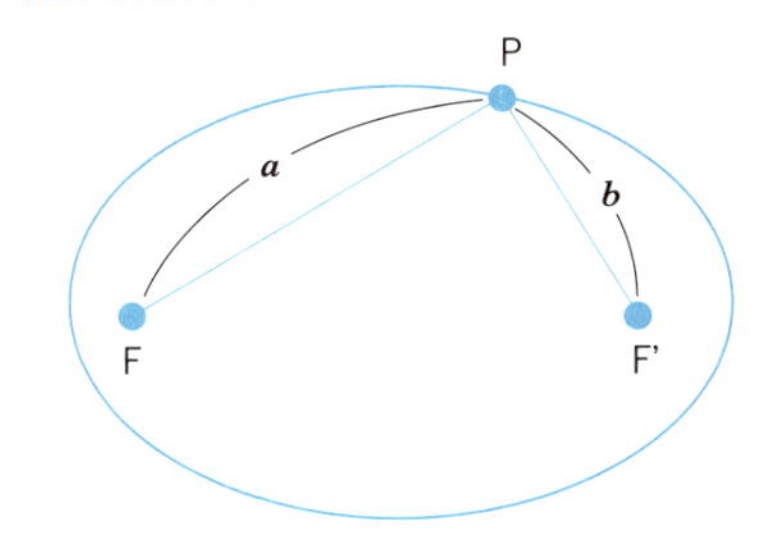

2つの焦点FとF'を持つ円

楕円の内側には、FとF'の2つの焦点がある。焦点とは楕円上のどの点でも、Fからの距離 $\boldsymbol{a}$ とF'からの距離 $\boldsymbol{b}$ の和（$= \boldsymbol{a} + \boldsymbol{b}$）が一定になる点のことである。

■ 惑星の軌道

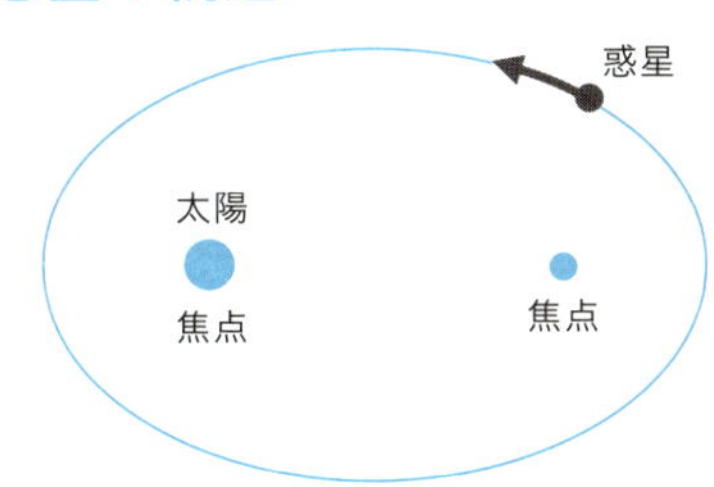

惑星は太陽を焦点とする楕円上を公転する

惑星は左図のように楕円軌道を描く。図は極端な楕円形だが実際は円に近い軌道をしている。

もっと知りたい

冥王星

2006年まで惑星とされていた冥王星は、惑星の定義変更により準惑星に区分され、惑星ではなくなりました。冥王星の軌道は惑星と比べて、よりつぶれた楕円形をしており、公転面が傾いています。

万有引力の法則

ニュートンが発見した重力の法則（36ページ）。彼の理論で宇宙に関する法則であるケプラーの法則が説明できたため、「地上と同じ物理法則が、天体にも働く」ことがわかり、当時の常識を覆しました。

地学 03 惑星は太陽に近いほど速くなる

ケプラーの第二法則（面積速度一定の法則）

惑星の移動するスピードを太陽との位置関係から推測する法則よ

遠くにいるほど遅くなる？

ケプラーの第一法則（196ページ）は、惑星の軌道が太陽を焦点とした楕円であることを説明した法則でした。その次の**ケプラーの第二法則**は、惑星が**公転**（①）する速度について説明した法則です。

惑星が時間をかけて、楕円上を移動することをイメージしてください。その時、太陽と惑星を結んだ**線分**（②）が描く図形の面積をS_1とします（次ページ参照）。それと同じ時間をかけて、同じ惑星が描いた図形の面積をS_2とするとS_1とS_2が等しくなるという法則です。

これは惑星が太陽に近づくほど、公転するスピードが上がるという法則です。線分が短いのに同じ面積の図形を描くためには、速く公転しなければいけないですよね？　ケプラーは望遠鏡を用いた精密な観測で、惑星の動きの秘密を解き明かしたのです。

KEY WORD

① 公転

物体が別の物体の周りをまわることを公転という。太陽系では太陽の周囲を惑星が公転しているが、土星の環のように惑星の周りを氷のような小さい物質が公転することもある。

② 線分

幾何学では、直線とはどこまでも無限に続くまっすぐな線をいう。両端があり、長さが有限なまっすぐな線は線分という。地球と太陽を結ぶ線分は平均して約1億5000万km。

$$S_1 = S_2$$

※地球と太陽を結ぶ線分が、一定時間に描く図形の面積をS_1
同じ時間で描かれる別の図形の面積をS_2とする

■惑星と太陽の線分が描く図形

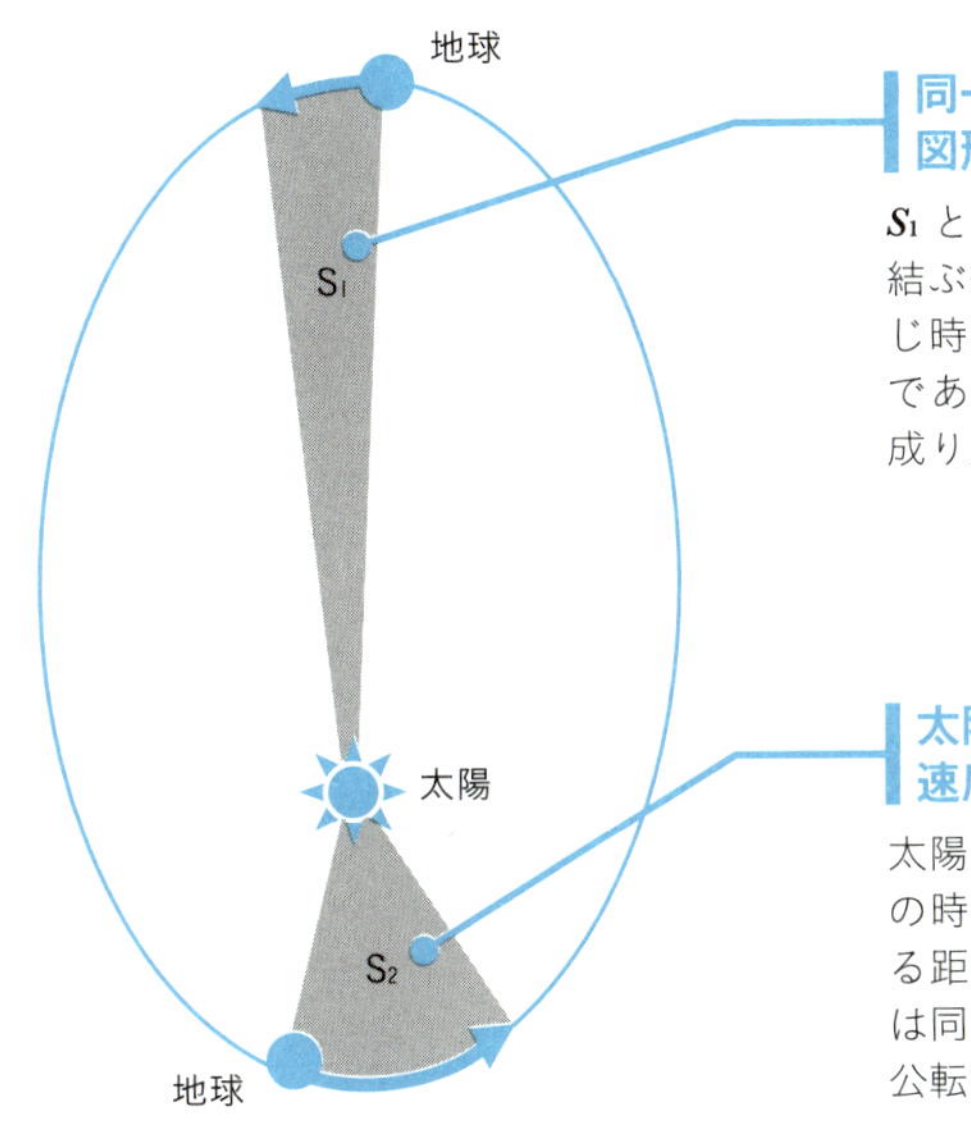

同一時間に描かれる図形の面積が等しくなる

S_1とS_2は、惑星と太陽を結ぶ線分が異なる時期に同じ時間をかけて描いた図形である。この時$S_1 = S_2$が成り立つ。

太陽に近い時ほど速度が上がる

太陽と惑星の距離が短いS_2の時のほうが惑星が移動する距離が長い。かけた時間は同じなので、S_2のほうが公転するスピードが速い。

もっと知りたい

スケートのスピン

惑星が回転の中心（太陽）に近づくほど、回転速度が上がるというのは、手足を体軸に近づけるとスケートのスピンが加速するのに似ています。どちらも角運動量保存則（44ページ）が働いています。

衛星

ケプラーの法則は地球と月のような惑星と衛星の間でも成立します。ちなみに「ケプラー」と命名された探査衛星が2009年に打ち上げられ、多くの恒星を観測しました。

地学 04

惑星の神秘性を示す？

ケプラーの第三法則（調和の法則）

惑星軌道の長半径が長いほど公転周期が遅くなるわ

占星術に関わる法則？

楕円は円がつぶれたような形をしているため、半径が一定ではありません。その中で、最も長くなるように引いた半径を長半径といいます。**ケプラーの第三法則**は、「惑星の**公転周期**（①・T）の2乗は、長半径（a）の3乗に比例する」という法則。簡単にいえば、楕円の長半径が長いほど、公転周期が長くなるのです。

この法則は「調和の法則」と訳されますが、「和音の法則」と訳すほうがケプラーの意図に沿っています。ケプラーは占星術に凝っていて、惑星の運動には神秘的な法則があるはずと考えました。2乗と3乗の比の式は、きれいな和音をなす**音の振動の比**（②）と関係があって、どちらも神秘的な法則なのではないかと想像したのです。

実際には、惑星の運動はニュートンの力学によって説明され、占星術の神秘的な法則とは無関係でした。

KEY WORD

① 公転周期

惑星が太陽の周りを1周するのにかかる時間。地球の公転周期は1年である。太陽から最も遠い惑星である海王星は、約165年かけて太陽の周りを1周する。

② 音の振動の比

古代ギリシャの数学者・ピタゴラスは「美しく感じられる和音は、音の周波数の比が簡単な整数比になる」と考えた。この理論に基づいた音律をピタゴラス音律と呼ぶ。

$$a^3=kT^2$$

※a：長半径　k：定数　T：公転周期

■楕円の長半径

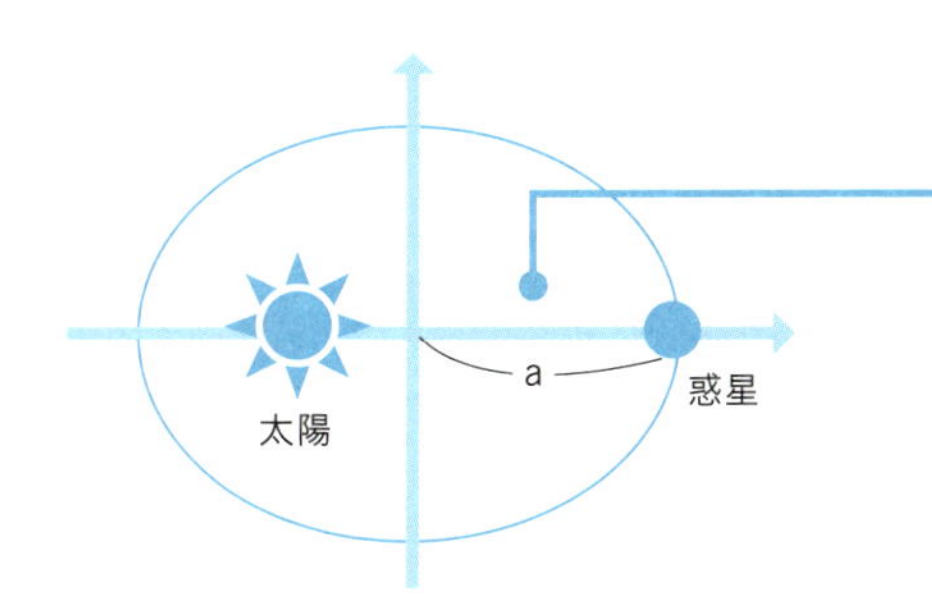

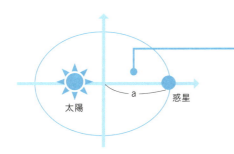

長半径が長いほど公転周期が長い

長半径 a が長いほど、惑星の公転周期 T が長くなる。定数 k は太陽系ではすべて同じ値になる。

■惑星の公転周期の公式

$$k=\frac{a^3}{T^2}=\frac{G\,M_\odot}{4\pi^2}$$

G：重力定数

$M_\odot$：太陽の質量

万有引力と結びつくケプラーの法則

ケプラーの第三法則の定数kは、万有引力の法則（36ページ）の重力定数を用いて求めることができる。

※⊙は太陽を表す惑星記号

もっと知りたい

占星術

夜空を行ったり来たりさまよう惑星の動きは、予測ができないものだったため、占いに利用されていました。星の動きを用いた占いを占星術といい、ケプラーは占星術の専門家でもあったのです。

公転周期が700年

2016年に海王星よりも外側で700年かけて太陽の周りをまわる準惑星が発見されました。太陽との距離は最大で180億km以上にもなり、2096年に太陽に最接近するといいます。

地学 05 恒星の大きさが推測できる

ステファン・ボルツマンの法則

温度と光エネルギーについての法則で星の大きさを調べられるわ

高温ほど明るく光る？

夜空に輝く**恒星**（①）は、青や赤などさまざまな色をしています。この色の違いはどこから来るのでしょうか？答えは星の温度です。赤い炭火よりもオレンジ色の白熱灯フィラメントのほうが高温であるように、温度によって放射する光の色が変わってくるのです。これを利用して、星の色から星の表面温度を推測することができます。

そして表面温度から天体の単位面積あたりの放射エネルギー量（E）を求めることができる法則が、**ステファン・ボルツマンの法則**です。

おもしろいことにEの値がわかると、星の直径を求めることができます。Eに星の表面積をかけたものが、星の明るさです。星の明るさは**等級**（②）と星までの距離から計測でき、表面積自体は半径から求められるので、ステファン・ボルツマンの公式から星の半径が導き出されるのです。

KEY WORD

① 恒星

太陽のように自ら光を発する星のこと。原子核融合がそのエネルギー源である。星座に見られるように、恒星同士の見かけの位置関係が変わらないことから、その名前がついた。

② 等級

天体の明るさを示す尺度。等級の値が小さいほど天体が明るいことを示し、等級の値が1つ小さくなると明るさが約2.5倍になる。0等級より明るい場合は値がマイナスになる。

$$E=\sigma T^4$$

※E：単位面積あたりの放射エネルギー
　T：表面温度　σ：定数

■恒星の表面温度Tの求め方

表面温度による分類		
型	表面温度（K）	色
O	29,000 ～ 60,000	青
B	10,000 ～ 29,000	青～青白
A	7,500 ～ 10,000	白
F	6,000 ～ 7,500	黄白
G	5,300 ～ 6,000	黄
K	3,900 ～ 5,300	橙
M	2,500 ～ 3,900	赤

まずは単位面積あたりの放射エネルギーEを計算

星の色から、その星の表面温度Tが推測できる。ステファン・ボルツマンの公式のσはステファン・ボルツマン定数で値が決まっているので、代入してEが求められる。

■星全体の放射エネルギーL

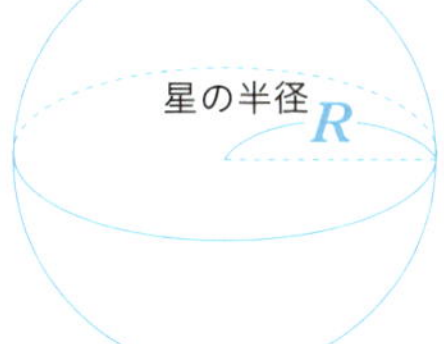

$4\pi R^2\times E$
＝星全体の放射エネルギーL
＝星の明るさ
※$4\pi R^2$は星の表面積

星全体の放射エネルギーLから半径Rを求める

星全体の放射エネルギーLは、星の明るさを表しており、観測から測定できる。そのため、この式から星の半径Rが求められる。

もっと知りたい

シリウス

地球から見て太陽の次に明るい恒星。ベテルギウス、プロキオンとあわせて冬の大三角と呼ばれ、いずれも1等星より明るく観測しやすい星です。おおいぬ座を形成する星の1つでもあります。

はくちょう座V1489星

直径が太陽の1650倍もある恒星。ある程度正確に大きさが求められている恒星の中で、最も巨大。質量が太陽の25～40倍しかなく、その大きさと比べると質量が小さいのが特徴です。

地学 06

年をとると性質が変わる?

星の進化の法則

恒星の質量によって
どのような星になるかが決まるわ

恒星の最後はブラックホール?

生命にとってかけがえのない存在の太陽には、実は寿命があるのです。およそ100億年程度で、太陽はエネルギーを生み出すのに必要な水素を使い切ってしまうと考えられています。同じようにどの恒星にも寿命があり、水素を使い切ったあと、さまざまな変化を見せていきます。

まず**燃料**(①)となる水素を使い切ってしまった恒星は、膨張して半径が大きくなります。そして表面の温度が低くなるため、色が赤っぽくなるのです。このような状態になった恒星を赤色巨星と呼びます。その後、太陽の8倍以下の質量の恒星は、核融合でできた重い元素だけが残った**白色矮星**(②)に進化。太陽の8倍よりも質量が大きい恒星は、赤色巨星となったあと爆発し、中性子星を残します。質量が太陽の40倍以上になると、ブラックホールを生み出すのです。

KEY WORD

① 燃料

恒星の内部は超高温・超高密度になり、水素の核融合反応が起こる。核融合によって水素がヘリウムに変換される時に、膨大なエネルギーが生み出されている。

② 白色矮星

核融合反応が止まり、小さく収縮した星。収縮によって高温になり、発光している。質量は大きいが密度が高く、大きさは地球と同じぐらいである。

質量が太陽の8倍以下なら最終的に白色矮星になる

■太陽の進化

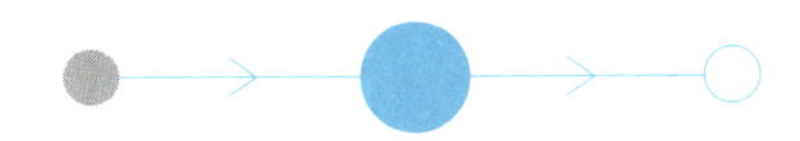

太陽ぐらいの恒星は白色矮星になる

水素による核融合反応を終えると太陽ぐらいの質量の星は膨張。一度赤色巨星となり、その後白色矮星に進化する。

■恒星を分類できるHR図

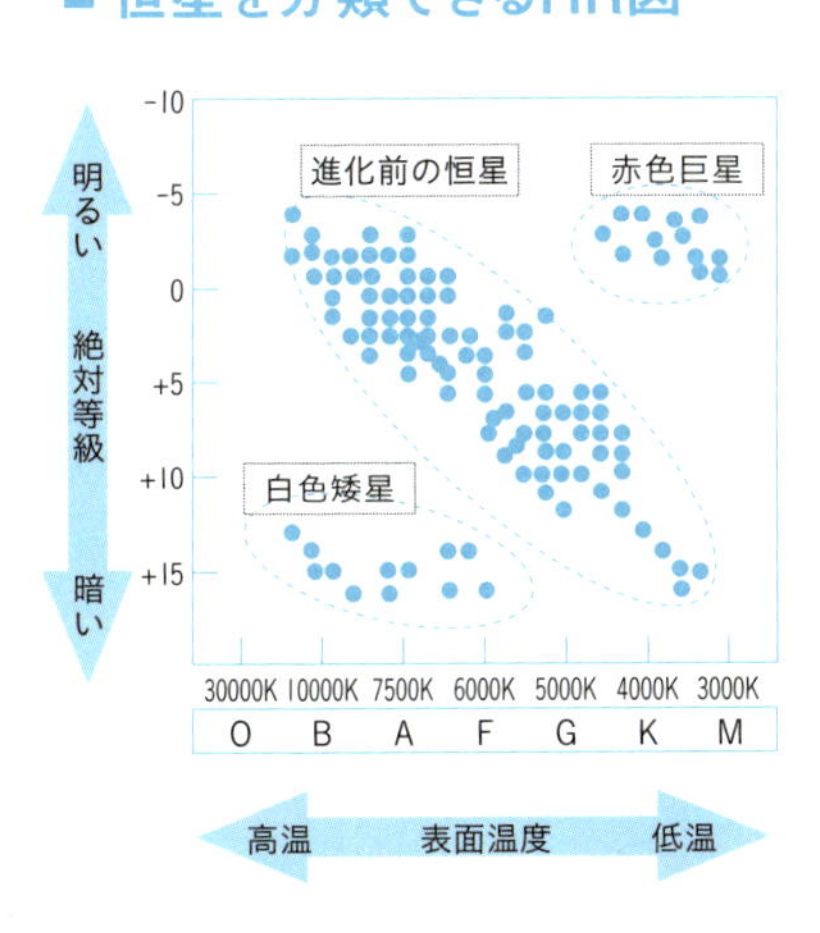

恒星の進化の段階がHR図でわかる

左図のように恒星のデータをまとめたものをHR図といい、水素による核融合をしている進化前の恒星や、赤色巨星、白色矮星に分類できる。

もっと知りたい

ブラックホール

高密度で光も脱出できないほど強い重力を持つ天体をブラックホールといいます。太陽の40倍以上の質量の恒星が、寿命を迎える時に発生すると考えられています。

星団

おたがいの重力によって引き寄せられた恒星の集団を星団といいます。その特徴から散開星団と球状星団にわけられ、球状星団には赤色巨星が多く見られます。そこから球状星団が古い時期にできた星団であることがわかります。

地学 07
宇宙は膨張している

ハッブルの法則

遠くにある銀河ほど速く遠ざかるという法則よ

宇宙は不変じゃない？

地球や惑星が太陽の周りを公転していることは、すでに説明しました。それでは、**太陽系**（①）の周りはどのようになっているのでしょうか？　スケールが大きすぎてイメージしにくいかもしれませんが、太陽系の周りには恒星がたくさんあります。恒星以外にも星間物質やダークマターが漂っています。これらが重力によってひとまとめにされており、太陽系を含めたそれら天体を**銀河系**（②）といいます。さらに銀河系の周りには同じように恒星などが集まってできた銀河がたくさんあります。

宇宙の全体像はいまだわかっていません。ですが宇宙の構造を考える上でヒントになるのが**ハッブルの法則**です。彼は銀河系から遠くにある銀河ほど、速く後退しているということを突き止めました。このことから宇宙は膨張していると考えられるようになったのです。

KEY WORD

① 太陽系

太陽の重力によって構成される天体の集団のことを指す。地球を含む8つの惑星、冥王星などの準惑星、彗星などの太陽系小天体から成り立っている。

② 銀河系

太陽系が位置している銀河のこと。銀河系には1000億～4000億個もの恒星が存在するとされる。銀河系を含む多くの銀河は中心に大質量のブラックホールがあるという。

$V = H_0 D$

※ V：後退速度　H_0：ハッブル定数
D：地球から天体までの距離

■ 銀河の距離と後退速度の関係

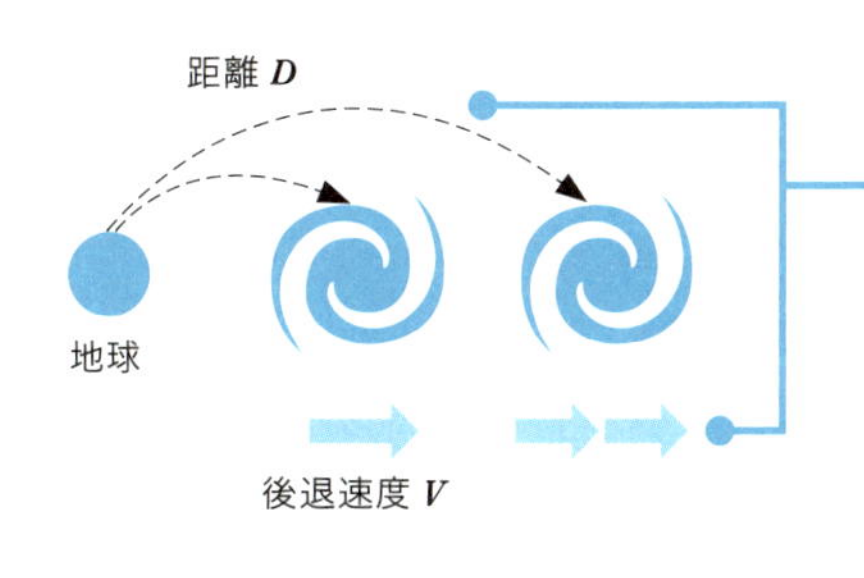

距離が2倍なら後退速度も2倍

地球からの距離 D が遠くなるほど、観測から導き出される銀河の後退速度 V が速くなることがわかった。

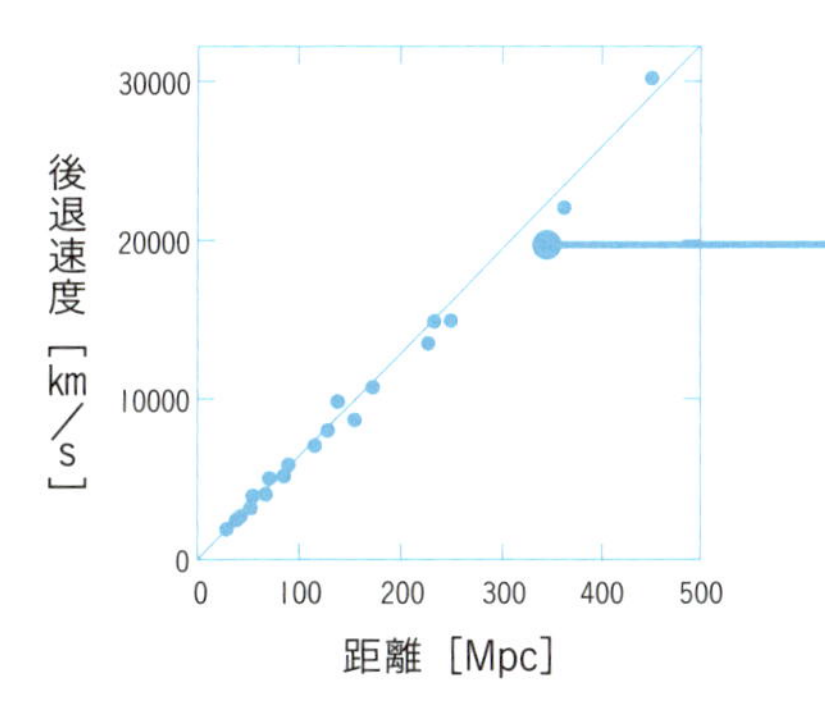

銀河の後退速度と距離は比例関係

いろいろな銀河について、距離と後退速度を測定した結果、比例関係があることがわかった。左図の傾きをハッブル定数 H_0 という。

もっと知りたい

ダークマター

銀河中の空間や、銀河間の空間に存在していると考えられている未知の物質。重力源となっているのでそこに存在していることがわかるが、恒星や星間ガスと違って観測できないので、正体がまだわかっていません。

ビック・バン理論

宇宙が膨張しているならば、大昔には宇宙中の物質が一点に集まっていたと考えられます。この小さな一点から爆発的に膨張して宇宙ができたという学説を、ビック・バン理論と呼びます。

地学 08
天王星の存在と位置を予言したけれど……
チチウス・ボーデの法則

太陽と惑星の間の距離を導く公式と思われていたわ

軌道長半径は計算で導き出せる？

「太陽から各惑星までの距離＝軌道長半径は、一定の方程式で導き出すことが可能である」という仮説を1766年にドイツの数学者J・D・チチウスが発見しました。その後、72年にヨハン・ボーデ（①）が発表したことから、この法則はボーデの法則と呼ばれます。発表された当時、n＝3となる惑星と土星より遠い位置の惑星は発見されていませんでしたが、1782年にこの法則で19・6天文単位（②）と予測された天王星が発見され、実測値が19・218天文単位であることがわかりました。さらに、n＝3の位置には小惑星ケレスなどの小惑星帯の存在も判明しました。

ただし、この法則は海王星や冥王星にはあてはまりません。また、太陽系以外の恒星の惑星が見つかった現在、根拠のない間違った法則だと判明しています。

KEY WORD

① ヨハン・ボーデ

ドイツの天文学者で、この法則発表後、ベルリン・アカデミーの天文台長となる。天王星を「ウラヌス」と呼ぶことを提唱し、その呼び方を普及させた。

② 天文単位（AU）

距離の単位で、地球と太陽の距離である149597870.66kmを1とするもの。AUはAstronomical Unitの略であり、金星は0.7AU、火星は1.6AUとなる。

軌道長半径＝0.4＋0.3×2^n
※nは地球を1とした時の太陽からの順番

ボーデの法則のn

地球を1とした太陽からの順番

地球を1とし、太陽から近い順に数えていく。金星は0で水星は−∞とする。

ボーデの法則の計算値

	水星	金星	地球	火星	ケレス	木星	土星	天王星	海王星	冥王星
ボーデの法則 n	−∞	0	1	2	3	4	5	6	7	8
ボーデの法則 計算値	0.4	0.7	1.0	1.6	2.8	5.2	10.0	19.6	38.8	77.2
軌道長半径 (AU)	0.384	0.723	1.000	1.524	2.766	5.203	9.555	19.218	30.110	39.540

太陽との距離が導き出される

ボーデの法則のnを公式に代入していくと、太陽と惑星の距離が予測できる。多くの惑星で実際の距離と計算値が近かった。

発見前の惑星の軌道を予測

火星と木星の間には惑星は存在しないと考えられていたが、実際には惑星になれなかった5000以上の小惑星が存在していた。

もっと知りたい

天王星・海王星の発見

天王星が発見されると、人々はケプラーの法則に基いて天王星の惑星軌道を計算しました。しかし計算した軌道と観測の結果にズレがあり、その原因をたどるうちに、海王星の発見につながったのです。

さまざまな宇宙の距離の単位

天文単位よりも大きい距離を示す単位もあります。1光年は光が1年間に進む距離で、約9・41兆㎞。パーセク（parallax second＝pc）はさらに長く、およそ3・26光年の長さです。

地学 09 ブラックホールの「半径」を表す式

シュバルツシルト半径の表式

太陽も圧縮すればブラックホールになるのね

光も脱出できないブラックホール

天体から重力を振り切って、物体が脱出するために必要な**脱出速度**（①）は、その天体の質量が大きくて半径が小さいほど、大きな速度になります。ブラックホールは、質量が大きいのに半径がきわめて小さいため、脱出速度が光速を超えた天体です。このような異常な天体からは光も物体も出てこられないので、宇宙に浮かぶ真っ黒な穴（ブラックホール）のように見えると思われます。

もしも天体がきわめて小さく圧縮されると、ブラックホールになります。天体がブラックホールに変化する半径を**シュバルツシルト**（②）**半径**といい、わたしたちの太陽の場合は3kmです。

シュバルツシルト半径近くでは、奇妙な現象がさまざま起きます。たとえばブラックホールに落下する物体はゆっくりになり、シュバルツシルト半径で停止します。

KEY WORD

① 脱出速度

地球上で物体を 11 km/s 以上の猛烈な速度で投げると、落下せず、地球の重力を振り切って、宇宙のかなたに飛び去る。天体の重力を振り切る速度を、その天体の脱出速度という。

② シュバルツシルト

ドイツの天文学者カール・シュバルツシルト (1873-1916) は、一般相対性理論の方程式の解を発見した。それは天体の重力場を記述する解だったが、ブラックホールも表していた。

$$r_g = \frac{2GM}{c^2}$$

※ rg：シュバルツシルト半径　G：重力定数
M：天体（ブラックホール）の質量　c：光速

■ 太陽からの脱出速度

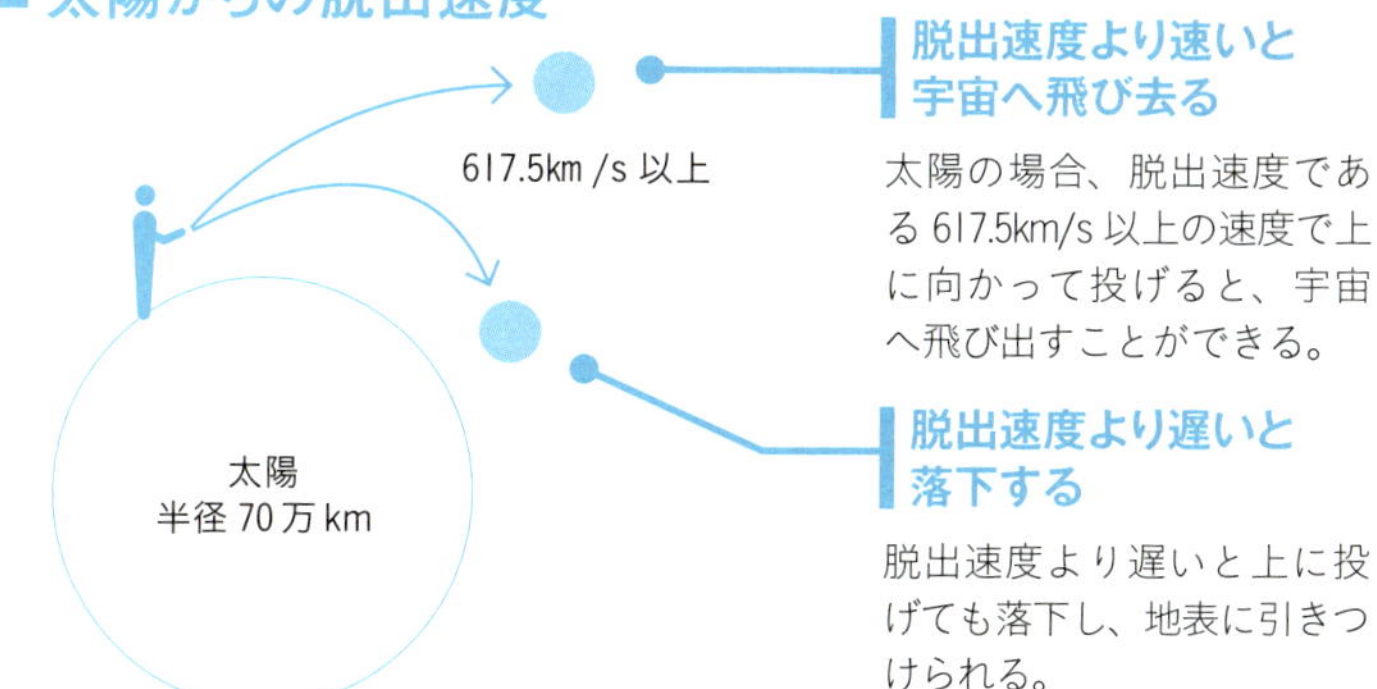

脱出速度より速いと宇宙へ飛び去る

太陽の場合、脱出速度である 617.5km/s 以上の速度で上に向かって投げると、宇宙へ飛び出すことができる。

脱出速度より遅いと落下する

脱出速度より遅いと上に投げても落下し、地表に引きつけられる。

■ 太陽を半径3km以下に圧縮すると……

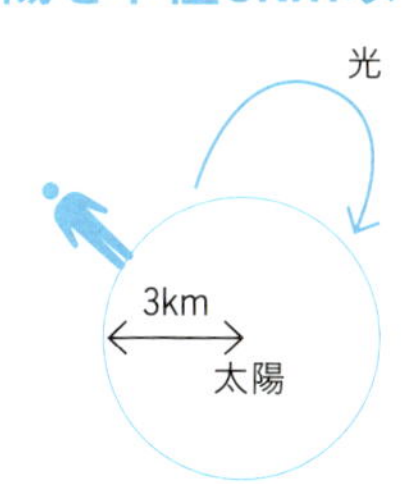

脱出速度＞光速となり外から黒い穴のように見える

もしも太陽の半径が 3 kmまで縮むと、脱出速度が光速を超え、ブラックホールと化す。そうなると、光も物体も出てこられない。

もっと知りたい

ブラックホールは実在するか

現在では、ブラックホール実在の証拠が多数あります。銀河の中心の超巨大ブラックホール、X線を放つ連星系ブラックホール、ブラックホール同士が衝突する時に出る重力波などが観測されています。

超新星爆発

太陽の数十倍の大質量星は、最後に超新星爆発を起こして、ブラックホールになると考えられています。超新星爆発でできたものや、さらにそれが合体したものが、現在観測されているブラックホールです。

地学 10

46億年前に描かれたシナリオは?

地球誕生の学説

**わたしたちの地球は
ガスとちりから生まれたの**

地球は原始太陽系円盤の中で生まれた

今から46億年前、銀河系の片隅でガス雲が収縮をはじめ、ガスに濃い部分ができました。そこを中心にガスが渦を巻いて**原始太陽系円盤**（①）ができ、やがて円盤の上下にジェット（ガスとちりの流れ）が噴き出します。中心部分は高温・高圧の状態になり、温度が上がって輝きはじめます。これが原始太陽の誕生です。

円盤に含まれるちりは、無数の小さなかたまりとなって衝突と合体を繰り返し、だんだんと大きくなって、直径10㎞程度の微惑星になりました。微惑星はさらに衝突と合体を続け、数百万年かかって原始惑星へと成長していきます。

太陽に近い惑星はガスを吸収できず、**巨大ガス惑星**（②）になれませんでした。こうして、、岩石と金属からできた**地球が誕生**したのです。

KEY WORD

① 原始太陽系円盤

太陽系が生まれたばかりの頃、原始太陽の周りにあったと考えられている濃いガスとちりでできた円盤。円盤の中の物質が衝突合体し、惑星が誕生したとされる。

② 巨大ガス惑星

木星や土星などの惑星は、誕生時に水素などのガスを吸収した。このような惑星を木星型惑星ともいう。鉄などからなる小型の惑星は、地球型惑星といわれている。

原始地球は微惑星の衝突合体によって生まれた

■ 地球型惑星のでき方

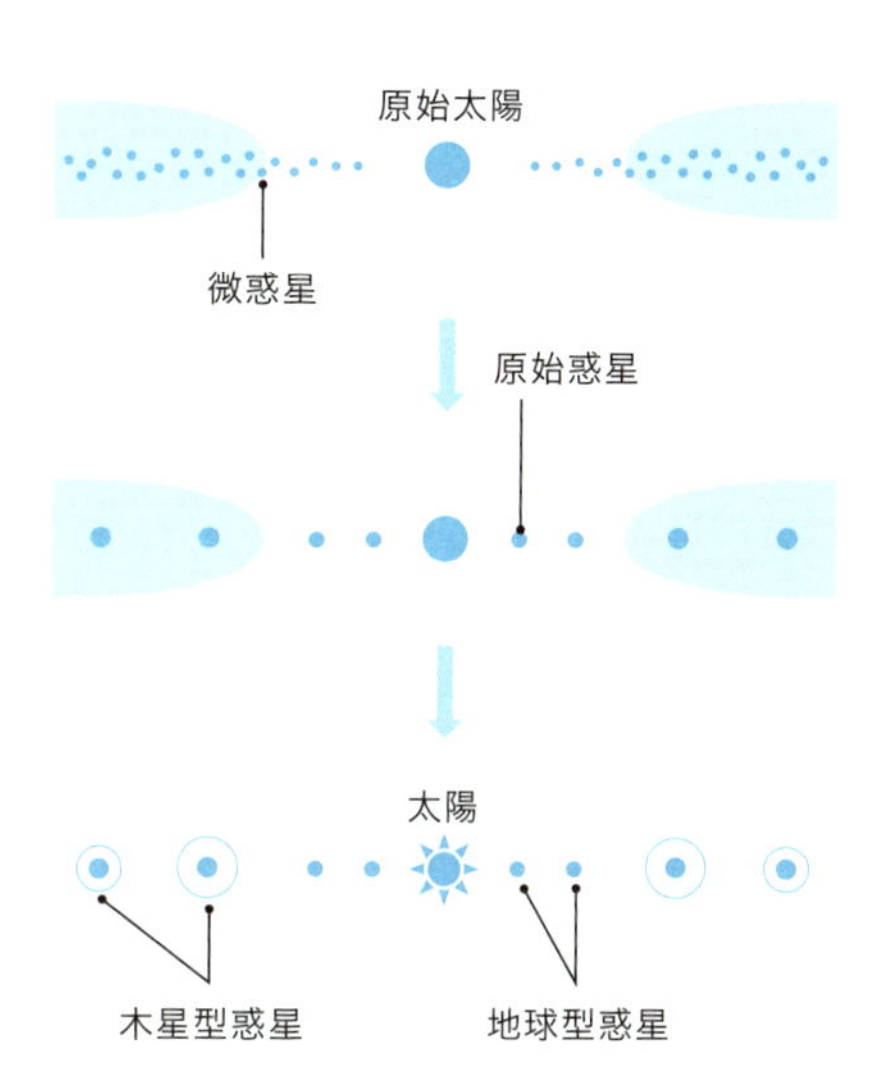

まずは微惑星ができる

原始太陽系円盤が冷えてくると、直径10kmほどの微惑星が無数にできる。

合体して原始惑星に

微惑星は衝突合体を繰り返し、月ほどの大きさの原始惑星が生まれる。

ガスがなくなる

太陽が核融合によって輝きはじめ、太陽風でガスが吹き払われる。

もっと知りたい

地球の年齢

地球の年齢は、地球に落ちてきた隕石や、アポロ計画によって月から持ち帰られた岩石の年齢から推定されています。これらの岩石は太陽系と同じ頃のものと考えられ、ともに約46億年前のものでした。

巨大衝突（ジャイアント・インパクト）説

原始地球が誕生した直後、火星くらいの大きさの天体が衝突し、両方の天体から飛び散った物質が月になったというのが巨大衝突説です。月の誕生に関する最も有力な説とされています。

地学 11

地球上で最初の生命は嫌気性生物

生物誕生の学説

地球の酸素は微生物が光合成でつくり出したものなのね

光合成を行い酸素を生み出した

誕生直後の地球には酸素分子がほとんど存在していなかったこともあり、**地球で最初の生命は、嫌気性の微生物（①）**でした。またその頃は、地上や海の浅瀬には有害な紫外線や太陽風が降りそそぎ、原始的な生命が生きていくことは難しい環境でした。そのため生物は、深海で硫化水素などを分解してエネルギーを得ていたと考えられています。

約27億年前、地球に磁場が生まれ太陽風を跳ね返すようになると、**原核生物（②）**のシアノバクテリアが浅い海に大発生しました。シアノバクテリアは水と二酸化炭素という、海水に豊富に含まれている物質を使って**光合成を行い、酸素と有機物をつくり出しました**。やがて生命は、シアノバクテリアがつくり出した酸素を取り入れてエネルギーを得るようになります。

KEY WORD

① 嫌気性の微生物

増殖するのに酸素を必要としない微生物のことで、ほとんどの細菌は嫌気性。対照的に多くの動物、真菌類、そしていくつかの細菌は酸素に基づく代謝機構を備えた好気性である。

② 原核生物

細胞核を持たず、染色体がほぼ裸のまま細胞内にあり、核膜を持たない生物。大腸菌などの細菌類や藍藻類が含まれる。一方、細胞核の構造を持つ生物を真核生物という。

シアノバクテリアによって酸素が生み出された

■ 地球に酸素ができるまで

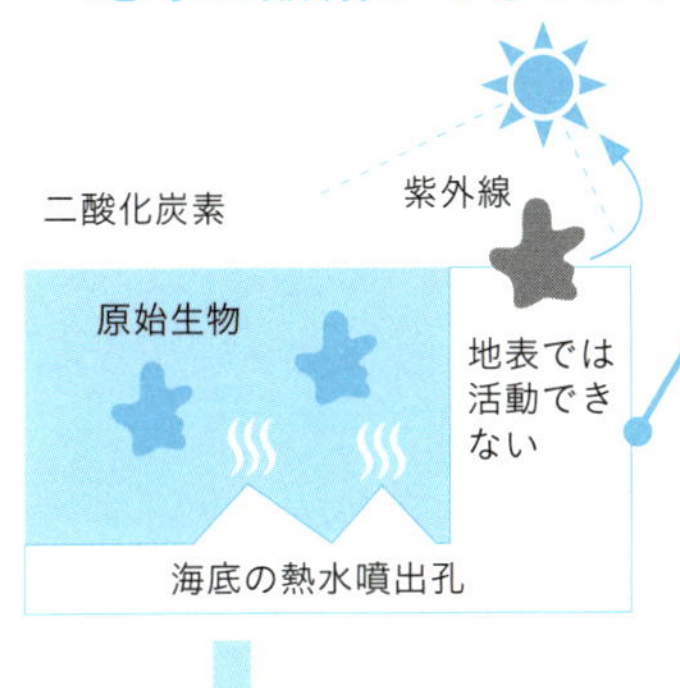

海底に嫌気性の生物が誕生する

酸素分子はほとんど存在せず、地上には紫外線や太陽風が降りそそぎ、最初の生命は深海で生きていた。

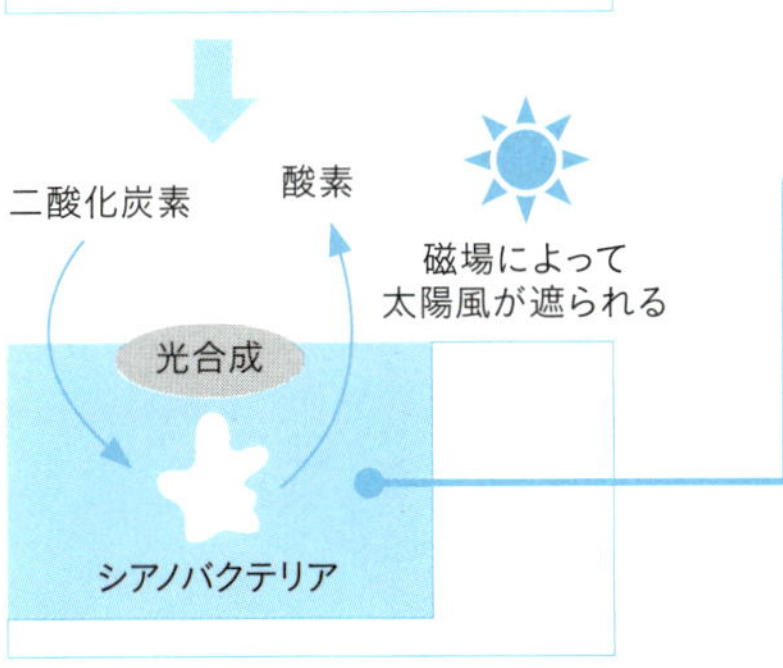

シアノバクテリアが光合成を行う

葉緑素を持つシアノバクテリアが現れ、光合成によって酸素と有機物をつくりはじめた。そして地球の大気は、20％の酸素を含むようになった。

もっと知りたい

ストロマトライト

シアノバクテリアの死骸が、細かい泥などとともに何層にも積み重なってできた岩石をストロマトライトといいます。ストロマトライトは約27億年前にその多くが形成されました。

地球磁場の誕生

約27億年前、鉄やニッケルでできた地球の核の動きが活発になり、地磁気が発生しました。その後、強まった地磁気はバリアのように地球を包み込み、地球磁気圏を形成したと考えられています。

地学 12
多様化した生物はモンスター化した?
カンブリア大爆発の学説

現代の生物と体のしくみが異なる まるで怪獣みたいな生物がいたのね!

カンブリア紀に起こった生命進化の大爆発

多細胞生物(①)の登場により生命は大型化し、多様化していきました。そして化石の研究から、およそ5億4200万年前のカンブリア紀に生命の多様化が急激に起きたと考える学説が**カンブリア大爆発**です。

この学説の根拠となった化石の生物は、カナダのバージェス山から見つかったため、バージェスモンスターなどと呼ばれます。この動物群は、昆虫のような外骨格、飛び出た眼、鋭い口、針のようなトゲなどユニークな特徴を持ったものが多くいました。それ以前の化石にはあまり見られない特徴で、生物が急激に多様化していったことがわかります。その原因は、生物が**「眼」を獲得**(②)し、食う・食われるという補食関係が生まれたためだという説があります。ただし、多様な生物の進化はカンブリア紀以前から徐々に進行したという見方もあります。

KEY WORD

① 多細胞生物

体が複数の細胞で構成されている生物を多細胞生物という。動物は、すべて多細胞生物だ。1つの細胞だけで体が構成されている生物を単細胞生物という。

② 「眼」を獲得

前時代のエディアカラ動物群などは眼を持っていなかった。眼の誕生が生存競争を激化させ、動物は生き残るために多様化したという説を「光スイッチ説」という。

カンブリア紀に現在地球上にいるすべての動物門に属する動物が出現

■ カンブリア紀の生物たち

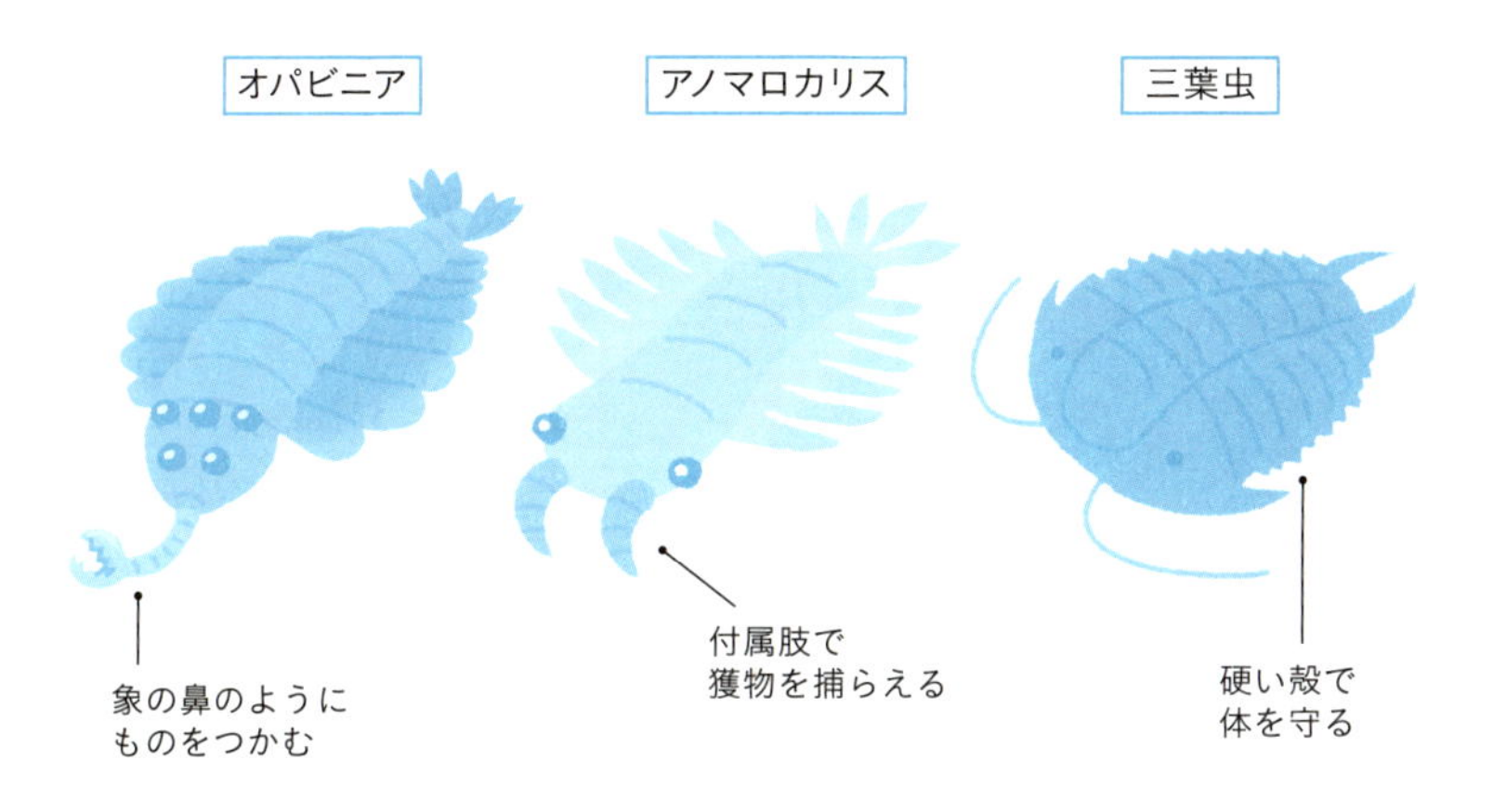

奇妙な姿をした動物たち

カンブリア紀の生物化石には、それより以前には見られなかった捕食された跡が残っている。眼を持ち、捕食関係が生まれたことで、身を守るために硬い殻やトゲを備えるなど、生物たちは急激に多様化していったという説がある。

もっと知りたい

アノマロカリス

全長が10㎝〜2mもある、カンブリア紀最大の生物です。頭部には大きな複眼を持ち、2本の触手、胴体には10対以上のヒレがありました。当時の海の支配者だったと考えられています。

人類の祖先？

バージェス動物群のピカイアは、以前人類を含む脊索動物の祖先と考えられていました。しかしカンブリア紀以前の脊椎動物の化石が見つかり、脊椎動物の直接の祖先とは断定できないことがわかったのです。

地学 13

大陸も島も移動している

プレート・テクトニクスの理論

プレート同士の境界では
火山活動や地震が起こるわ

ハワイが少しずつ日本に近づく？

地球の表面は、10数枚に分かれたプレート（①）で覆われており、大陸、島、海など地球の表面にあるものはすべてプレートに乗っています。プレートはマントル（②）の対流によって1年に数cm～数十cmずつそれぞれの方向に移動しているという学説を、プレート・テクトニクスといいます。プレート同士の境界では、火山活動や地震などさまざまな地殻変動が起こっています。

たとえば人気のリゾート地であるハワイ諸島は、太平洋プレートの上に乗っています。太平洋プレートは日本のすぐ東にある日本海溝に向かって、年に10cmほど動いています。そのためハワイ諸島は少しずつ日本に近づいているのです。ちなみに東京・ホノルル間は約6210km。しばらく日本とハワイがくっついてしまう心配はしなくても良さそうです。

KEY WORD

① プレート

地球の内部は地殻、マントル、核の3つの層に分かれている。地殻は厚さ5km～90kmの固い岩盤のことを指す。プレートは地殻とマントルの最上部からなる。

② マントル

地殻の下（深さ約40km）から核の上（深さ約2900km）までの厚い岩石の層のこと。固体だが対流しており、カンラン石や輝石からなるカンラン岩でできている。

地球の表面は、10枚以上に分かれたプレートで覆われている

■ 世界の主なプレート

プレートのはざまで地震が起きやすい

プレートは1年に数cm〜数十cmずつ移動しており、プレートの境界では、造山運動や火山活動、断層、地震などが起こる。

■ 太平洋プレートの移動

ハワイが日本に近づいている

太平洋プレートは日本方面に年間約10cmの速度で進んでいる。太平洋プレートの上にはハワイ諸島がある。

もっと知りたい

ホットスポット

プレートの移動とは関係なく、地下数千kmにあるマグマが地表へと上昇している地点があり、それを「ホットスポット」といいます。ハワイ諸島は、ホットスポット上の火山としてよく知られています。

エベレスト

世界で最も標高が高い山であるエベレスト（標高8848m）は、プレート同士がぶつかる力で地面が隆起することでできました。プレート同士は現在も動いているため、標高も年々高くなっています。

地学 14

日本は地震が起きやすい

地震発生の原理

地震は岩盤のストレスによって起こるのよ

地震には2種類ある

岩盤に力が加えられると、その岩盤の中のある部分に**ひずみ**（①）がたまります。ひずみが岩盤の強さの限界を超えると、岩盤は破壊され破壊面に沿ってズレが発生します。この岩盤のズレによって**地震が発生**するのです。岩盤の破壊が始まった点を震源と呼びます。そして震源となった断層面から**地震波**（②）が発生し、岩盤の中を伝わっていきます。

日本で起こる地震には、プレートの境界で起こる海溝型地震と活断層による活断層型地震があります。海側のプレートが陸側のプレートの下にもぐり込むとき、陸のプレートを引きずり込んでしまいます。その後、陸のプレートがはね上がって起こるのが海溝型地震です。一方、陸側のプレート内部での断層の動きによって発生するのが活断層型地震です。

KEY WORD

① ひずみ

プレート同士の境界では岩盤中に大きなひずみが蓄えられるため、多くの地震が発生する。プレートのひずみは、内陸の地震の原因にもなっていると考えられている。

② 地震波

地震が発生したときに伝わる波。地震波には、P波（縦波）とS波（横波）などがある。地震波の解析によって震源やマグニチュードなど地震の性質を知ることができる。

地震には、海溝型地震と活断層型地震がある

■ 海溝型地震のしくみ

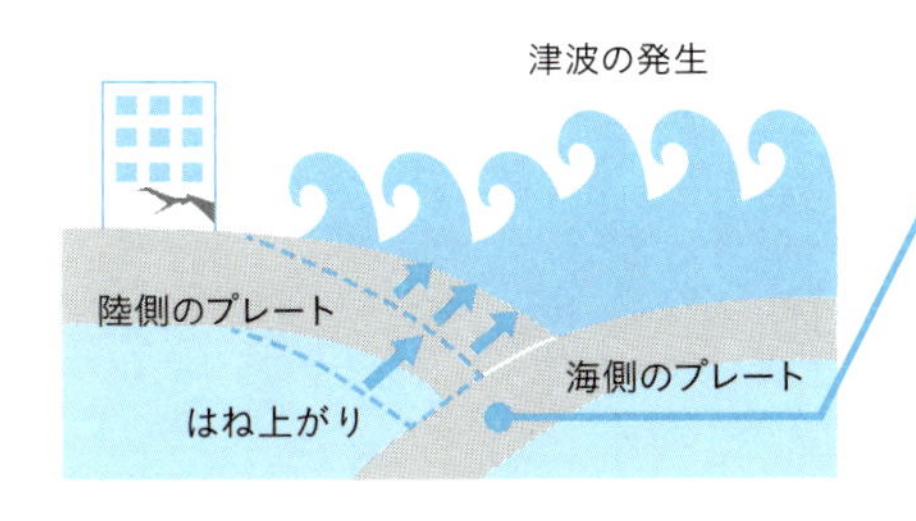

陸のプレートがはね上がって起きる

海側のプレートが陸側のプレートの下にもぐり込むとき、陸のプレートを引きずり込む。そのひずみが解消されるとき地震が起こる。

■ 活断層型地震のしくみ

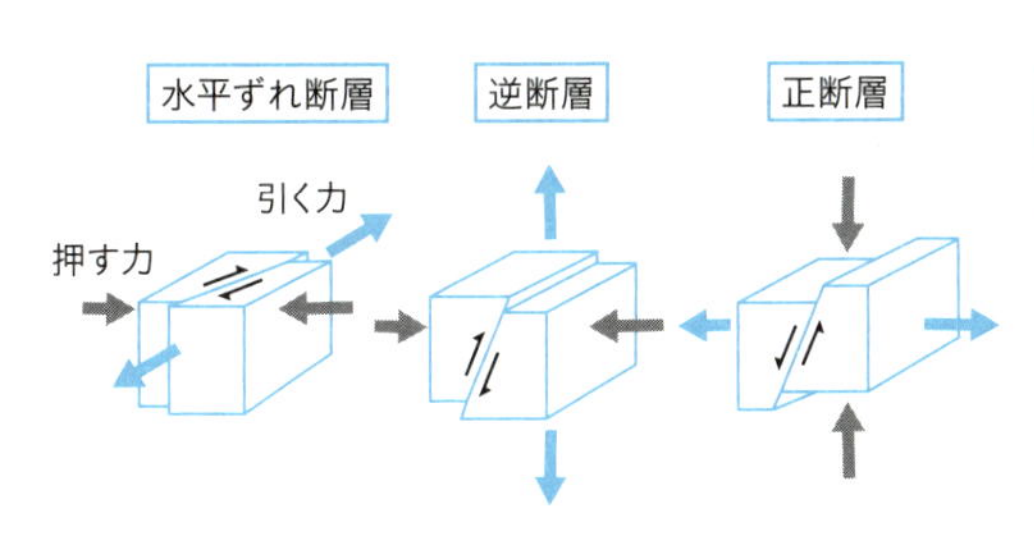

さまざまな力が加わり地面にズレができる

陸のプレートの内部でさまざまな方向から力が加わり、地面にズレができて地震が発生する。

もっと知りたい

マグニチュードと震度

マグニチュードは地震のエネルギーを表す単位で、一方、震度はある場所の地震による揺れの強さを表しています。マグニチュードが大きくても、震源から遠いところでは震度は小さくなります。

熊本地震

2016年に熊本県で起こった地震は、典型的な活断層型の地震でした。日本には約2000の活断層があるとされ、活断層型の地震は深さ20kmくらいまでの浅いところで起きるため、大きな被害をもたらします。

地学 15 地中にある震源をピンポイントで特定!
大森の法則

地震の波が時間差で届くことを利用した法則よ

世界に名を轟かせた地震学者

地震にはP波とS波(①)、そして地表を伝わるL波が存在します。P波のほうが早く到達し、続いてS波が到達するため、2つの波の到着には時間差が発生します。その時間差を用いて、2つの波の到達時間差を用いて、震源までの距離を測定する公式を導き出したのが大森房吉(②)です。震源までの距離がわかるということは、三角法を用いることで震源の位置が特定できます。震源は地中にあるので、深さを特定するためには3点での観測が必要になります。

この公式とともにP波、S波、L波を区別して記録できる大森式地震計という地震計がつくられ、日本各地に設置されました。この地震計がつくられた直後の1899年にアラスカで地震が発生しましたが、大森式地震計はこの地震のP波、S波、L波の違いを正確に区別して記録していたため、世界中の地震学者を驚かせました。

KEY WORD

① P波とS波

P波はラテン語のPrimae(最初の)の頭文字を、S波はSecundae(第2の)の頭文字を取って名づけられた。2つの波の時間差を初期微動継続時間という。

② 大森房吉

日本の地震学者。福井藩士の子として生まれ、ドイツ、イタリアなどへの留学後、東京帝国大学の地震学教授となる。万国地震学協会の設立委員でもあった。

$$D=kT$$

※D：震源までの距離　k：定数　T：初期微動継続時間

■ 震源の特定のしかた

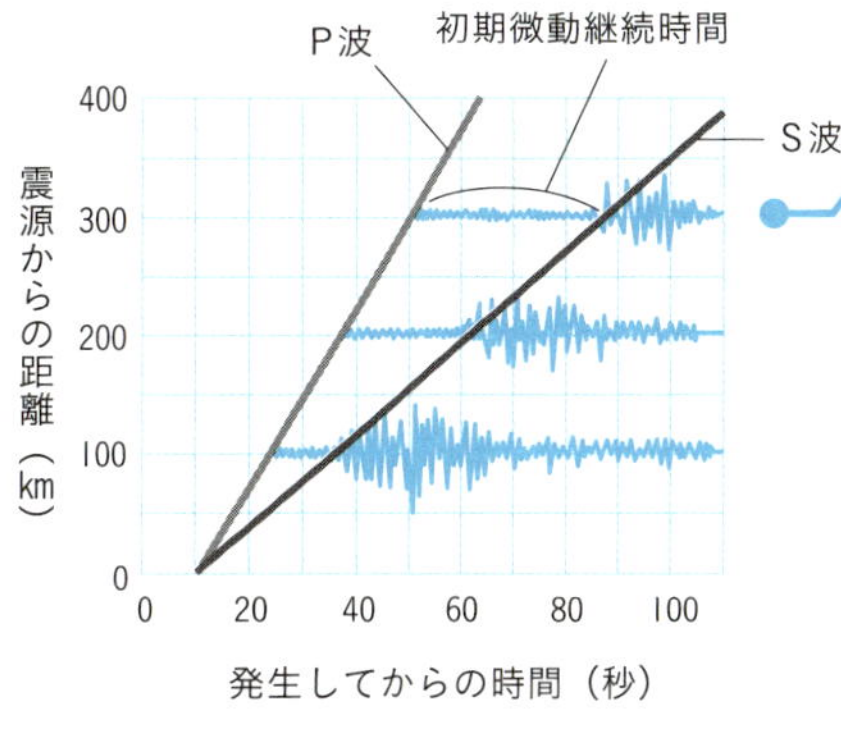

まずP波とS波の時間差を測定

P波はおよそ8km/s、S波はおよそ4km/sで到達するので、震源からの距離が遠ざかるほど時間差ができる（到達時間は地質などで異なる）。この時間差を初期微動継続時間といい、これで震源までの距離がわかる。

地点a
地点b
地点c

3カ所で測定して震源を特定

初期微動継続時間から、震源までの距離がわかると観測値を中心とした球のどこかに震源があることがわかるので、3カ所で測定すれば球の交差する特定の1カ所が震源とわかる。

もっと知りたい

余震の公式も発見

大森房吉は本震発生後の余震は発生直後に多く、時間経過にともないゆっくりと減少していくという「べき乗則」にのっとるという規則性も発見。これは「余震の大森公式」と呼ばれています。

地球の内部を調べる人工地震

地震波の伝わり方は地中の構造で異なります。そのため鉱山やトンネル工事の発破などで人工的に振動を起こすと、距離と時間が特定できるため、地中の構造をより正確に知ることが可能です。

地学 16
大地震はめったに起きない?
グーテンベルグ・リヒターの公式

大きな地震ほど回数が少ないことを公式で示したのよ

微震が多い地域では大地震も起きやすい

大地震はまれにしか起きませんが、小さな地震は頻繁に起きる、ということは地震大国の日本に住んでいる我々にとって経験的によくわかっていることでしょう。

地震によって発生するエネルギーの大きさを示す単位を**マグニチュード**(1)といいますが、この**マグニチュードと地震の発生回数の関係を解き明かしたのが**グーテンベノー・ベルグ**(2)とチャールズ・リヒターです。

2人はマグニチュードが1大きくなると地震の発生回数はおよそ1/10になるという公式を導き出しました。大きい地震ほど起きづらいというのです。

たとえば、ある地域でM8の地震が100年に1回発生するならば、M7の地震は10回、M6になると100回発生するというものです。この法則は両者の名前から、**グーテンベルグ・リヒターの公式**といわれます。

KEY WORD

(1) マグニチュード

マグニチュードが2増えると、地震のエネルギーは1000倍になる。これは単にエネルギーの大きさを表しているため、マグニチュードが大きくても揺れが小さい場合もある

(2) ベノー・グーテンベルグ

ドイツ出身の地震学者。地震波の測定から地球内部に2つの境界線があることを発見。地中深くにあり観測しにくい地殻、マントル、核という地球内部の構造を証明した。

$$n(M)=10^{a-bM}$$

※$n(M)$：ある地域である期間に発生する地震のマグニチュード別の個数
a,b：地域によって異なる定数。bは0.9〜1.0

■日本で発生した地震の回数

マグニチュード（M）	1961 〜 2000 年の日本付近の地震の数（回）
7.5 〜 7.9	16
7.0 〜 7.4	37
6.5 〜 6.9	103
6.0 〜 6.4	312
5.5 〜 5.9	867
5.0 〜 5.4	2005

グラフに描くと

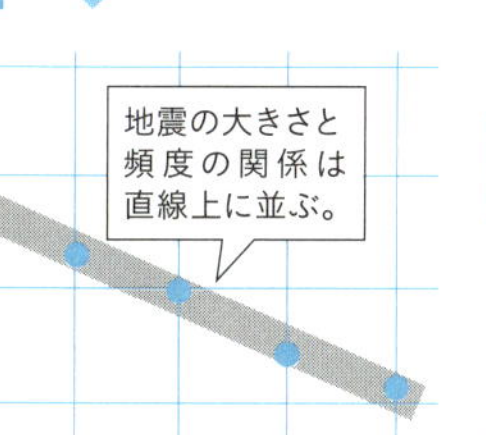

小さな地震ほどたくさん起きる

Mが指数に入っているため、Mが1減るとnは10倍になり、1増えるとnは1/10になる。つまり、Mが小さくなるほど回数は多くなる。

大地震の発生も予測可能？

この法則によれば、M3の地震が10年で10,000回発生する地域では、M7の地震が1回発生すると予測できるが、あくまで統計的な予測であり確実ではない。

もっと知りたい

日本での観測から誕生

リヒターは、日本の地震学者和達清夫が論文中で用いた最大震度と震央までの距離を描き込んだ地図を見て、マグニチュードを定義した。地震の多い日本は地震研究において先進的であり、東京大学工学部で地質学を教えていたJ・ミルンは1880年に発生した横浜地震をきっかけに、日本地震学会を設立。これは世界で最初の地震学会である。この地震学会には100名近い日本の学者のほか、地震波のP波とS波を発見したユーイングなど有名な学者も参加した。

地学 17 地面から歴史を解き明かす

地層累重の法則

地層を観察することによって太古の昔のことがわかるのね

地面の中には歴史が積もっている

雪などを例に挙げるまでもなく、降り積もるものは古いものが下に、新しいものが上に積もっていきます。地面も同様で、昔に堆積してできた岩石は下に、比較的新しくできた岩石は上に積み上がってきます。岩石はつくられた当時の環境や元となった砂の大きさによって色が変わるので、積み上がった層のように見えます。この層のことを**地層**といいます。

崖などで地層が露出した**露頭**（①）や、地面を掘って調べる**ボーリング調査**（②）から、どのような地層をしているか知ることができます。そして地層から、その場所でどのようなことが起きたかを知ることができます。たとえば地層に火山灰が含まれていたら、以前近くで噴火が起こったことがわかるのですね。ほかにどんなことがわかるかは228ページ以降で解説します。

KEY WORD

① 露頭

地層が露出している場所。地質学は測量士として炭鉱で働いていたウイリアム・スミスが、炭鉱の地層から地層累重の法則を見出したことからスタートした。

② ボーリング調査

円筒状のドリルで地面をくり抜き、普段は目にすることができない地面の奥深くの地層を調べる方法。地層を調べる有力な手段となっているほか、地盤調査にも使われる。

基本的に地層の上部は下部より新しい時代の地層である

■ 地層の年代

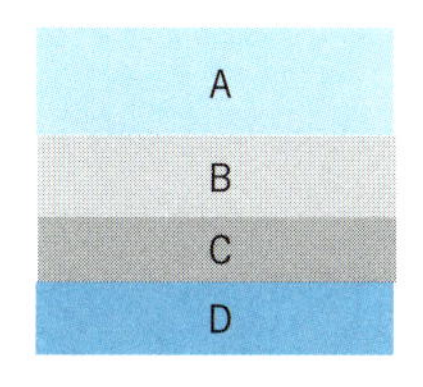

下にいくほど古い時代の地層になる

基本的には、地層は下にいくほど年代が古くなる。左図であればA→B→C→Dの順で新しい地層。

■ 地層の歪み

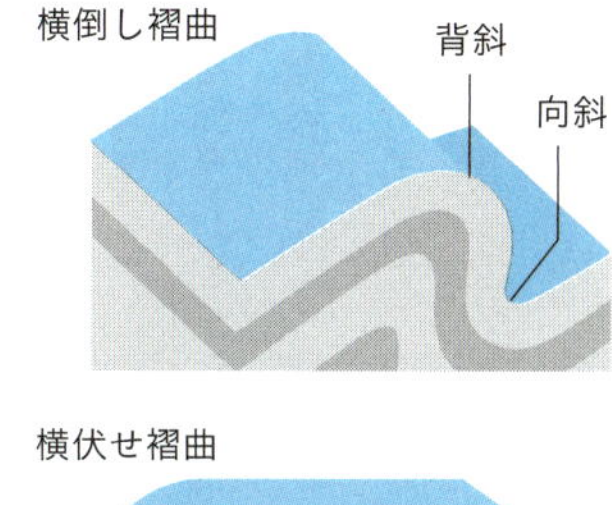

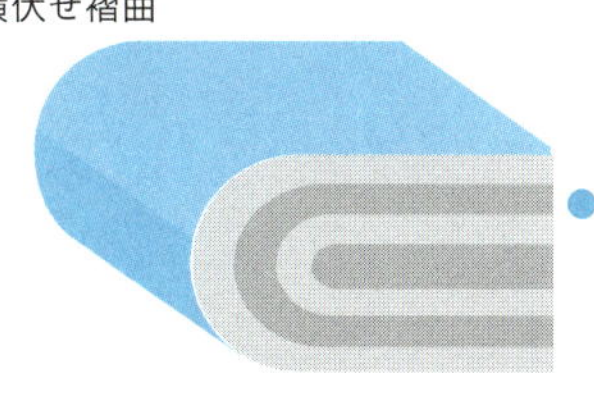

地層は乱れることも多い

地層はプレートの移動や造山運動など、力がかかることで乱れ、地層累重の法則が当てはまらないこともある。その時は地層の年代を特定した上でどのように地層が歪んだかを推測する。

もっと知りたい

宇宙でも通用する法則

火星では水が存在していた時代の地層が発見されたほか、月でも、隕石の衝突で積もった細かい岩石の粒子が層をなしている。さらに小惑星など、引力がある環境ではどこでもこの法則が通用する。

グランドキャニオン

アメリカ・アリゾナ州にあるグランドキャニオンは、約4000万年かけて高地が削られてできた深さが1500mもある大峡谷。地層があらわになっていて、中には5億2000万年前のものもある。

地学 18

ちりも積もれば石になる?

堆積岩の法則

堆積物が圧力を受けて固まった岩石を堆積岩という

でき方や成分で呼び方が異なる

岩石はそのでき方によって3種類が存在します。**堆積岩**と火成岩、その2つが熱や圧力で変化した変成岩です。

堆積岩は堆積物が圧力を受けるなどして固まってできる岩石です。堆積岩の中でも砕かれた岩石（岩片）や土砂などからできる岩石を砕屑岩（さいせつがん）といいます。その中でも材料の大きさによって呼び方が異なり、**礫**（①）でできた礫岩、砂岩、シルト岩、そして粘土でできた泥岩があります。火山灰などが堆積してできたのが火山砕屑岩で、凝灰岩などが含まれます。また、生物などに由来する炭酸カルシウムが主成分の石灰岩、二酸化ケイ素（石英）でできた**チャート**（**珪藻土・②**）も堆積岩の一種です。これらの中には生物の遺骸、つまり化石が含まれていることがあります。また、古代の植物が変化してできた石炭も炭素を主成分とする堆積岩の一種です。

KEY WORD

① 礫

粒の大きさのおよその直径が2mmより大きい砕屑物のこと。より小さいものが砂（1／16mm以上）、シルト（1／256mm以上）で、それ以下が粘土である。

② チャート（珪藻土）

放散虫などの殻や骨片でできた岩がチャートで非常に固い性質がある。珪藻の死骸でできた珪藻土は軽い上に通気性がよく、壁土や七輪など多用途である。

地学 19
マグマの影響を感じる
火成岩の法則

マグマが固まった火成岩は冷え方によって特徴が異なる

冷え方が違うと性質が変わる

地中のマグマが冷えて固まった岩石が**火成岩**です。外に流れ出たマグマが急速に冷えて固まったものを火山岩、地下深くでゆっくりと冷やされたものを深成岩といい、いずれも二酸化ケイ素の含有量や結晶化した部分の割合によって、異なる名称がついています。なお、マグマの熱は**変成岩**（①）をつくる要因にもなります。

火山岩で代表的なものは玄武岩です。まだら状の組織を持ち、灰色のものが多いですが、赤やピンク色などのカラフルなものもあります。また、皇居の石垣に使われている安山岩も火山岩の一種で、ほかには流紋岩、キンバリー岩（雲母かんらん岩）などが含まれます。一方、深成岩の代表例が**花崗岩**（②）です。石英と長石が主成分のため白っぽく、1割程度の有色鉱物を含みます。緻密で固いので石材として身近に見られます。

KEY WORD

① 変成岩

岩がマグマの熱で変化したものを接触変成岩といい、大理石などが含まれる。それに対し、低温高圧の地中深くでできる岩石は広域変成岩と呼ばれる。

② 花崗岩

代表的産地の地名から御影石と呼ばれることもある。磨くと光沢が出るため墓石にも使われるほか、カーリング用のストーンにも花崗岩が使われている。

地学 20

生命の痕跡から歴史がわかる

化石の法則

地層に含まれる化石から、地層の年代や当時の環境がわかる

時代や環境を調べるために使われる

地中を掘り起こすと過去の生物の遺骸である**化石①**が見つかることもあります。恐竜の骨のように原形をとどめたものだけでなく、生物由来の堆積岩である石灰岩やチャートなどは化石が固まったものともいえます。

化石を用いて地層の年代を推測できます。代表例は古生代であれば三葉虫、中生代であれば**アンモナイト②**や恐竜、新生代ではメタセコイアやマンモスなど、特定の時代にのみ生きていたり、姿が変化したことが判明している生物です。このように**地層の年代を特定するのに役立つ化石を示準化石**といいます。また化石は当時のその場所の環境を推測するのにも役立ちます。サンゴの化石があれば、その場所が暖かく浅い海、ブナの葉の化石があれば温帯から寒帯にかけての気候であったことがわかるのです。このような化石を示相化石といいます。

KEY WORD

① 化石

生物の骨などだけでなく、足跡や巣穴など生物が生きた痕跡なども化石として発見される。また糞などの排泄物や分泌物の化石も存在し太古の昔の姿をたどる手がかりになる。

② アンモナイト

殻を持つ頭足類で、年代で形態に差があるため、示準化石として便利。エベレストの山頂で発見され、かつてエベレストが海中にあったことが判明した。

地学 21
見えない地下水の流れを解析

ダルシーの法則

地下水の流速=透水係数×圧力勾配

水道技師が発見した物理法則

地中を流れる地下水は、密度が小さい（透水性の高い）層を流れます。この透水性を示すのが、水が1秒間に流れる距離を数値化した**透水係数（①）**です。

この透水係数を用いて、地下水の流れを解析したのがフランスの水道技師ヘンリー・ダルシーです。ダルシーは砂による水のろ過の実験などから、地下水の流れる速度＝流速は、透水係数×**圧力勾配（②）**で求められることを導きました。同時に、水の流れる量は流速と水が流れる層の断面積の積であることも導いています。これが1858年に発表された**ダルシーの法則**です。この法則は現代でも多くの分野にわたり使われており、重要な研究テーマとなっています。埋立地や地下道、地下鉄といった地下構造物の建築、ダムや井戸の設計など、我々の身近でも欠かせません。

KEY WORD

① 透水係数

水の通しやすさを示す係数。きれいな礫が1～10^{-2}、きれいな砂が10^{5}以上、シルトや砂が10^{-9}以上、粘土が10^{-11}以上で単位は（cm/s）である。

② 圧力勾配

地中を流れる地下水は上にある地面の分だけ圧力を受け、圧力が高いほうから低いほうへ流れる。2点間の地下水にかかる圧力差を、距離で割ったものを圧力勾配という。

地学 22

空の色や夕焼けの色の理由を解明!

レイリーの法則

波長の長い光ほど散乱しにくい

空の色は光の散乱しやすさが関係

空の色が青いのは、太陽光が大気中のちりや水蒸気などに当たることで、青や緑など短い波長の光が空一面に散乱するためです。波長の長い赤や黄色の光は散乱しにくいため、昼間には太陽だけが黄色く見えます。

いっぽう、朝や夕方には、太陽光が地平線方向から長い距離を通るため、**青や緑の光は散乱しつくして届かなくなり、赤や黄色の夕焼け空になります**。さらに、波長の長い赤より黄色のほうが散乱しやすいため、空気が澄んでいると夕焼けは黄色、浮遊物が多いと赤色になります。このような光の散乱現象を解明したのが**レイリー卿**(①)ことジョン・ウィリアム・ストラットです。この**レイリーの法則**によれば、波長より**十分小さい粒子**(②)に当たった散乱光の強さは、光の波長の4乗に反比例するので、波長の長い光ほど散乱しにくいことがわかります。

KEY WORD

① レイリー卿

イギリスの物理学者で、父親から爵位を継承し、レイリー3世となる。散乱法則のほかにアルゴンを発見するなどして、ノーベル物理学賞を受賞したことでも知られる。

② 十分小さい粒子

浮遊物など直径が光の波長の振幅より小さい粒子を指している。レイリーの法則に当てはまらない波長より大きい粒子に関しては、ミーの散乱法則が1908年に提唱された。

地学 23

盆地が夏に高気温を記録するわけ

フェーン現象

山を越えた風は高温になる

山を越えて湿度は下がり温度は上がる

2013年に**高知県の江川崎**（①）で日本の観測史上最高気温が記録されましたが、このような高い気温には**フェーン現象**が関わっています。空気は高度が上がると温度が下がりますが、この時、湿度が100％の空気では100mにつき約0・5℃温度が変化し、湿度が100％でなければ温度の変化は約1℃となります。この温度の差によって生まれるのがフェーン現象です。山に沿って上昇する空気は、当初は100mで1℃ずつ低下していきますが、気温が下がることで**飽和水蒸気量**（②）が減少するため、ある高度で湿度が100％となります。その後は雨を降らせながら0・5℃ずつ気温が低下します。山頂を越えると空気中の水分は減っているので、100m降下するごとに1℃ずつ気温が上昇します。これによって熱く、乾いた空気が山から吹くのです。

KEY WORD

① 高知県の江川崎

最高気温は40.0℃。以下埼玉県熊谷市と岐阜県多治見市が40.9℃（2007年）、山形市が40.8℃（1933年）を記録。いずれも盆地など山に囲まれた土地である。

② 飽和水蒸気量

その空間中の水蒸気の最大質量のことで、実際の水蒸気の量を飽和水蒸気量で割ったのが湿度である。気温が下がると少なくなり、飽和した水分は雨などになる。

地学 24

台風や低気圧はどこにある!?

ボイス・バロットの法則

風に背を向けて立った時
低気圧の中心は左側にある

北半球の低気圧は常に反時計回り

現在の我々は、気象衛星やレーダーを使い、低気圧や**台風**（①）の位置を正確に知ることができます。しかしそのような機器がなかった当時に、低気圧の位置を知る方法を示したのが**ボイス・バロットの法則**です。これは単純にいえば、「風に背を向けて立った時、低気圧の中心は左手の前方にある」というものです。低気圧ではなく高気圧であれば右手後方が中心です。

北半球では、低気圧の中心に吹き込む風は**コリオリの力**（②）によって右方向に曲げられるため、常に低気圧の周りには上から見て反時計回りの渦状に風が吹きます。台風の映像を思い浮かべるとわかりやすいでしょう。

ちなみに南半球ではコリオリの力が反対に働くため、この法則も反対になり、低気圧の中心は右前方、高気圧は左手後方になります。

KEY WORD

① 台風

熱帯低気圧の一種で、最大風速が17m/s以上に発達したものを指す呼称。中心気圧が900hPa以下になるものもあり、荒天によって大きな災害を起こす。

② コリオリの力

地球の自転によって発生する力。地上に固定されていないものが動く時、地面に対して自転方向に運動が曲げられてしまうというもの。海流などもその力を受けている。

地学 25 2000年かけて入れ替わる

海洋大循環の法則

風成循環と熱塩循環によって
海水は長い年月をかけて循環する

表面の循環と上下の循環

日本近海の海流には黒潮（日本海流）や親潮（千島海流）が存在します。**この海流はおもに偏西風と貿易風（①）によって生まれます。**これらの風は太平洋の低緯度地域に時計回り暖流の流れを、高緯度地域に反時計回りの寒流の流れを生み出しています。

これらは海の表面にある表層水の流れ（表層流）ですが、海のより深い場所には、**深層水（②）**が存在します。表層流は極地方に到達するにつれて冷却され、塩分濃度も上がることで沈み込み、深層水となります。さらにこの深層水は再び時間をかけて表層に戻るという循環（熱塩循環）をしています。コロンビア大学のウォレス・ブロッカーは、風成循環と熱塩循環によって、地球規模で数百年から最大2000年の時間で水の循環が起きていることを示し、**海洋大循環**と名付けました。

KEY WORD

① 偏西風と貿易風

偏西風は中緯度を西から東に、貿易風は低緯度を東から西に吹く風。海面が風に引っ張られてできる海流から起きる循環を風成循環（風による循環）という。

② 深層水

海洋の水深数百～1000mより深い位置の水。水温が低く塩分濃度が濃い水は重いため、表層水と混じらないとされていたこともあるが循環することがわかった。

4時間目 星で価値観が変わる? 地学のテスト

なまえ

/100

地学の知識がどのぐらい身についたのか、地学のテストに挑戦してみよう！
問題は1問20点。答えは238ページにあるよ。

1 リンゴの動きはどうなる?

高速で動いている電車に乗っていて、手に持っているリンゴを落とした時リンゴはどのような方向に進むか答えなさい。

ヒント
リンゴと電車は同じ慣性系

2 公転周期を求めよ

惑星Aの軌道長半径は惑星Bの軌道長半径の2倍とする。この時惑星Aの公転周期は、惑星Bの公転周期の何倍か？

ヒント
$a^3=kT^2$（ケプラーの第三法則）

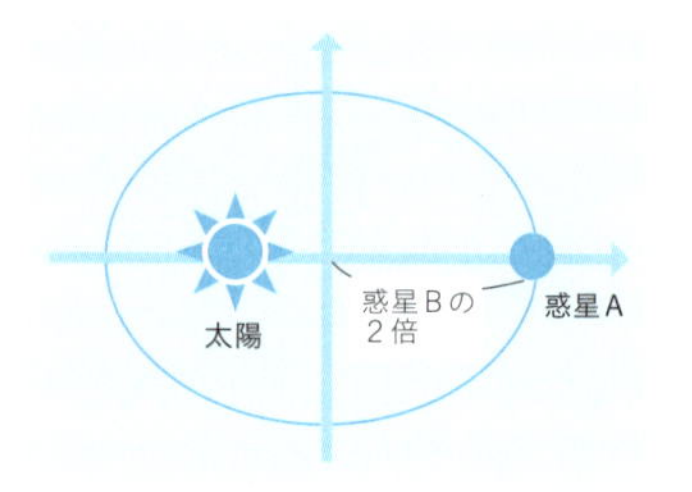

3 HR図を読みとりなさい

恒星のデータをまとめたHR図からは、星がどの進化段階にいるのか読みとれる。右図のHR図中の空欄で、どの囲みがどの星の進化段階を表しているか答えよ。

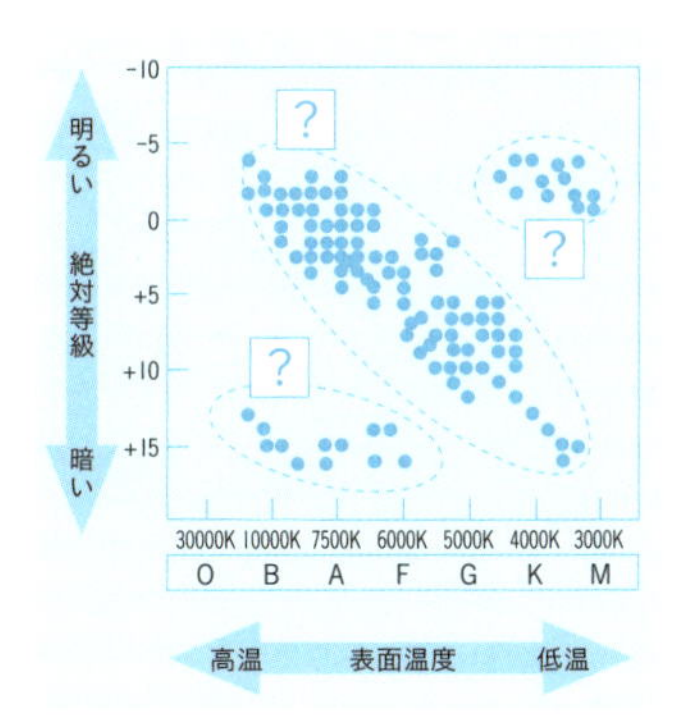

星の色がポイント

4 バージェス動物群の特徴は?

カンブリア紀に大量発生したバージェス動物群は現在の生物とは体のしくみがまったく異なる生物を含んでいた。下記の生物の特徴を、下線部を埋める形で答えよ。

アノマロカリス

__________ための強力な付属肢

三葉虫

__________ための固い殻

5 震源までの距離を求めよ

ある地震が起きた時、震源からの距離が150kmの地点での初期微動継続時間は20秒だった。同じ地震で初期微動継続時間が10秒であれば、震源からの距離は何kmか？

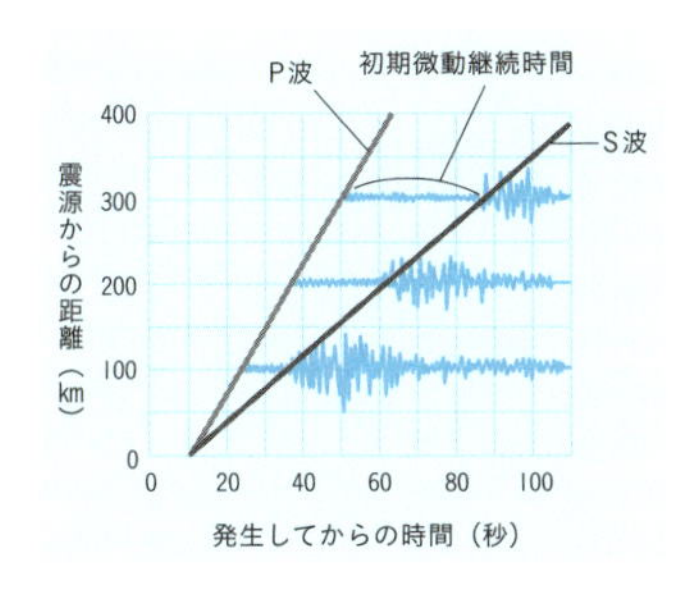

ヒント

両者は比例関係にある

地学のテスト

答え

Answer

1 A：足元に落ちる

電車が等速直線運動をしている場合、リンゴも人も電車と同じ慣性力が働いている。

また、ガレリオの相対性原理によると、慣性系の中では地上と同じ自然法則が成り立つ。

よってリンゴは地上と同じように、足元に向かって垂直に落ちる。

2 A：$2\sqrt{2}$倍

Bの長半径をXとすると
Aの長半径は$2X$である。

求めるAの公転周期Tは、
ケプラーの第三法則から
$T^2=8kX^3$
Bの公転周期T'は
$T'^2=kX^3$

これを代入すると
$T^2=8T'^2$
$T=2\sqrt{2}T'$

3 A：(右上から)赤色巨星、主系列星、白色矮星

低温にもかかわらず、明るいということは星の表面積が大きいということである。そのため右上のグループは赤色巨星を指す。

高温ではあるものの暗いグループは、質量は大きいものの大きさが地球と同じぐらいで小さい白色矮星である。

HR図上で赤色巨星と白色矮星の間にあるのが、主系列星である。ここから時間の経過により、赤色巨星や白色矮星に進化する。

4 A：獲物を捕らえる、敵から身を守る

カンブリア紀では、獲物を捕らえるための器官や食べられないようにする身体構造が発達した。

アノマロカリスは、口のあたりについた付属肢を使って、獲物を捕らえて口元へ運ぶ。大型だったのもその特徴の1つである。

三葉虫は逆に、身を守る方向に進化の特徴を見せた。捕食者に噛み砕かれないように固い殻を持ったのだった。

5 A：75km

震源からの距離をXとする。
150km：X=20秒：10秒
の関係が成り立つ。

150km：X=2：1なので
$2X$=150km
X=75kmとなる。

よって震源からの距離は75km。

参考文献

『大人が知っておきたい物理の常識』(ソフトバンク クリエイティブ)　著／左巻健男・浮田裕

『科学理論ハンドブック50＜宇宙・地球・生物編＞』(ソフトバンク クリエイティブ)　著／大宮信光

『科学理論ハンドブック50＜物理・化学編＞』(ソフトバンク クリエイティブ)　著／大宮信光

『Q＆A　放射線物理』(共立出版)　著／大塚徳勝・西谷源展

『高校の化学が根本からわかる本』(中経出版)　著／宇野正明

『高校の生物が根本からわかる本」(中経出版)　著／藤井恒

『これ以上やさしく書けない科学の法則』(PHP出版)　著／鳥海光弘

『知っておきたい最新科学の基礎用語』(技術評論社)　著／左巻健男

『知っておきたい法則の辞典』(東京堂出版)　著／遠藤謙一

『図解雑学　進化論』(ナツメ社)　著／中原英臣

『図解雑学　地震』(ナツメ社)　著／尾池和夫

『世界を変えた科学の大理論100』(日本文芸社)　著／大宮信光

『絶対わかる化学の基礎知識』(講談社)　著／齊藤勝裕

『はっきりわかる現代サイエンスの常識事典』(成美堂出版)

『「物理・化学」の法則・原理・公式がまとめてわかる事典』(ベレ出版)　著／涌井貞美

『本当にわかる地球科学』(日本実業出版社)　著／鎌田浩毅・西本昌司

『学んでみると自然人類学はおもしろい』(ベレ出版)　著／富田守・真家和生・針原伸二

『身のまわりの科学の法則』(中経の文庫)　著／小谷太郎

『理系なら知っておきたい生物の基本ノート』(中経出版)　著／山川喜輝

STAFF

編集　山田容子、内山祐貴（株式会社 G.B.）

表紙デザイン　小口翔平＋山之口正和＋喜來詩織（tobufune）

本文デザイン　森田千秋（G.B. Design House）

DTP　POOL GRAPHICS、藤谷美保

原稿協力　村沢譲、山下大樹、杉田州、井之上和弘

マンガ　四方山哲

監修
小谷 太郎（こたに たろう）
東京大学理学部物理学科卒、博士（理学）。専門は宇宙物理学および観測装置開発。理化学研究所、NASA ゴダード宇宙飛行センター、東京工業大学などの研究員を経て大学教員。著書に『数式なしでわかる相対性理論』『身のまわりの科学の法則』（ともに中経の文庫）、『知れば知るほど面白い 不思議な元素の世界』（ビジュアルだいわ文庫）などがある。

4時間でやり直す
理科の法則と定理 100

2017年 3月24日 第1刷発行
2020年11月20日 第3刷発行

監　修　小谷太郎
発行人　蓮見清一
発行所　株式会社 宝島社
〒102-8388 東京都千代田区一番町25番地
電話：営業 03(3234)4621／編集 03(3239)0928
https://tkj.jp

印刷・製本　サンケイ総合印刷株式会社

ISBN 978-4-8002-6634-7